▌普通高等教育艺术设计类新形态教材

▌高等院校创新应用型人才培养系列教材

书籍装帧设计与实训

含微课

主　编／赵　丽　朱瑞波

副主编／王晓固　张　鹏

中国水利水电出版社

www.waterpub.com.cn

·北京·

内 容 提 要

本教材为设计学学科专业核心课程"书籍装帧设计"的配套教材，理论与实践并重，基础理论、设计方法讲解与设计实践实训紧密结合。教材按照"理论－案例－实训"循环教学的创新模式编排，分8个课题，由易到难、循序渐进地介绍书籍装帧设计的产生与发展、书籍的造型设计、书籍外部结构设计、书籍内部零页设计、书籍的延展设计、书籍的印刷工艺等知识及设计理论与方法，最后集中讲解书籍设计实践与教学案例。每一课题设有清晰的学习目标要求、核心知识模块和课题工作任务，引导学生通过完成课题理论学习和设计实训，提高知识应用和设计实践能力，明确社会工作需求，实现课堂教学与社会工作的有效衔接。

本教材为新形态一体化教材，配套数字教材，配有微课视频、课程思政视频、教学课件、拓展学习资料等教学资源，可通过"行水云课"教育平台或公众号获取并学习。

本教材模式创新、知识丰富、内容实用，可供高等院校视觉传达专业的师生使用，也可供书籍装帧设计人员参考。

图书在版编目（ＣＩＰ）数据

书籍装帧设计与实训 / 赵丽，朱瑞波主编. -- 北京：中国水利水电出版社，2024.6
　　普通高等教育艺术设计类新形态教材　高等院校创新应用型人才培养系列教材
　　ISBN 978-7-5226-1864-7

Ⅰ．①书… Ⅱ．①赵… ②朱… Ⅲ．①书籍装帧－设计－高等学校－教材 Ⅳ．①TS881

中国国家版本馆CIP数据核字(2023)第189799号

	普通高等教育艺术设计类新形态教材 高等院校创新应用型人才培养系列教材
书　　名	**书籍装帧设计与实训** SHUJI ZHUANGZHEN SHEJI YU SHIXUN
作　　者	主 编 赵 丽 朱瑞波 副主编 王晓固 张 鹏
出版发行	中国水利水电出版社 （北京市海淀区玉渊潭南路1号D座　100038） 网址：www.waterpub.com.cn E-mail：sales@mwr.gov.cn 电话：（010）68545888（营销中心）
经　　售	北京科水图书销售有限公司 电话：（010）68545874、63202643 全国各地新华书店和相关出版物销售网点
排　　版	中国水利水电出版社微机排版中心
印　　刷	北京印匠彩色印刷有限公司
规　　格	210mm×285mm　16开本　12印张　274千字
版　　次	2024年6月第1版　2024年6月第1次印刷
印　　数	0001—3000册
定　　价	**59.00元**

前言

习近平总书记强调："国内外形势、党和国家工作任务发展变化较快，思政课教学内容要跟上时代，只有不断备课、常讲常新才能取得较好教学效果。"推动党的二十大精神进校园，是学习宣传贯彻党的二十大精神的重要内容。本教材遵循党的二十大对高校思政教育的新要求，及时把新时代新征程党和国家事业发展的大政方针和战略部署纳入教材中，让学生更加准确地认识理解党和国家事业的前进方向，自觉投入为实现中华民族伟大复兴的事业之中。

"立德树人"亦是书籍装帧设计教学工作的重点，应注重传道授业解惑和育人育才的有机统一。坚持以德立身、以德立学、以德施教，加强对学生的世界观、人生观和价值观的教育，传承和创新中华优秀传统书籍文化。本教材在思政的内容和形式方面均具有鲜明的中华文化特色，并将其融合在教材内容的各个节点和目标中，以达到"润物细无声"的育人效果。

本教材也是对书籍装帧设计课程专业教学的改革和探索，以"课题驱动"的形式导入专业课程教学，适度引入专业设计公司的操作规范，使学生尽可能真实地体验书籍设计实务，以便更快地融入社会，适应现实工作的需求。本教材主要特点如下：

1.书籍装帧设计融入了字体设计、版式设计、广告设计、图形设计等内容，使学生具有较强的多学科整合技能，能够完成包括分析、策划、创意、设计、制作等全流程工作。教材编写主动适应书籍装帧行业对专业人才的需求，与现时的社会需求和高校教育现状相结合，同时以基本知识和基础理论作为课题实训的支撑。

2.依据设计公司等相关企业对书籍装帧设计就业岗位能力所需要具有的策略思考与分析能力、创意发想能力、平面视觉表达能力、设计相关的造型及印刷工艺技术、团队协作与交流能力作为教材编写的切入点，划分出"精装书籍设计、概念书籍设计""商业宣传册页、电子书籍"两大课题模块，四个子课题项目。

3.以工作过程为导向，并作为本教材编写的理念。以设计岗位工作过程（包括从项目解读、市场策略、创意概念、设计表现、设计执行到工作考评等工作阶段）作为指导，将必须掌握的知识点和技能点融入各课题的工作实训中。

4.注重专业能力的培养和专业发展能力的提升。教材均有具体的案例解析，既强调理论知识围绕应用技术展开，使每一课题都能将课堂讲授、课内外实训同步进行；又倡导学生边学边做，在学中做，在做中学，从而提高发现问题、分析问题、解决问题的能力。

5.本教材顺应新时代的发展变化，有机运用网络技术，将翻转教学、微课渗透到课题实训中，增强趣味性、生动性及互动性，以夯实教学效果，使本书成为集纸质和电子媒介为一体的立体书，在网络环境下实施学习、讨论和问答。

作为新形态教材，作者在形式和内涵方面均做了大胆尝试，以期使教材带给学生耳目一新的使用效果，能够为学生在专业领域提供助益，陪伴学生走向工作岗位。本教材是西安培华学院的立项自编教材，在编写过程中，西安培华学院徐莹院长提供了许多帮助，西安培华学院铁卫主任对教材的体例结构提出了宝贵意见，在此表示衷心感谢！本书的编写参考了诸多文献资料，其中教学案例使用了西安培华学院艺术学院视觉传达专业学生的一些作品，在此感谢参考文献、案例引用作品的作者们！

限于水平，书中疏漏、不当之处在所难免，敬请读者批评指正。

导读：

书籍装帧设计人员的职业要求与创意思维训练

一、书籍装帧设计人员的职业要求

各行各业都有自己的行为准则和道德规范，艺术设计行业也不例外，设计者不仅要具要商业意识，还要具备文化使命感。一位优秀的书籍装帧设计师应当具备两个方面的素养：一是职业道德；二是专业素养。

1.职业道德要求

（1）尊重客户、提供优质服务。应快速响应客户需求，为其提供优质服务，依法保护客户的权益和商业机密，尊重客户的自主选择权。保证提供没有任何瑕疵（包括知识产权瑕疵）的作品。

（2）敬职敬业、提高专业设计能力。发扬爱岗敬业精神，树立正确的世界观、人生观、价值观。努力提高专业能力，包括论证能力、协调能力、观察能力、理解能力、创新思维能力和表达能力等。提高工作效率，创作优秀的设计作品。

（3）追求完美、勇于创新。创新是设计的灵魂，也是赢得竞争的关键，在社会环境和市场需求变幻莫测的条件下，更要敢于冲破束缚，勇于探索。设计者必须以认真负责的态度，不断增强职业竞争素质，禁绝粗制滥造、玩忽职守的行为。自觉追求完美，努力实现作品价值的最大化，提供符合客户需求的设计作品。

（4）尊重同事、团结互助。设计人员之间应互相尊重对方的人格尊严，应发扬团队合作精神，树立全局意识，共同创造、共同进步，建立和谐的工作环境。设计师之间应建立平等、团结、友爱、互助的关系，提倡相互学习、相互支持。

（5）互惠互利、合作共赢。与业务伙伴友好合作、共同发展。在与业务伙伴进行商业交往时，禁止收受其提供的贿赂、回扣或者其他一切影响商业判断的利益，尊重业务伙伴企业文化的同时，按照商业礼仪对待业务伙伴及其商业代表。

（6）遵守纪律，维护集体利益。遵守公司规章制度，服从领导安排，对工作认真负责，不泄露公司商业秘密，自觉维护集体利益，个人利益服从集体利益，局部利益服从整体利益。对企业忠诚，反对损公肥私、损人利己，把个人的理想与奋斗融入集体的共同理想和奋斗之中。

（7）禁止不正当竞争。共同维护市场秩序，抵制不规范、不公平的招标活动。禁止在市场竞争中采取任何违反法律法规的行为，严禁采取不正当手段，人为设置障碍，干扰竞争对手工作。坚决反对恶意攻击、诽谤和不正当竞争的现象发生。

2.专业素养要求

书籍装帧设计不是纯粹的平面设计，而是一项具有多向思维特征的立体造型工作。书籍装帧设计专业人员需要以严谨的思维做策略性思考，并以较强的创造力寻求最有效的传达方式。其任务是帮助达成书籍的设计目标，所使用的工具是书籍设计语言，并非所有具备娴熟创作技巧的人都能胜任书籍装帧设计工作，书籍装帧设计人员必须具有娴熟驾驭各种读物设计风格和设计语言的能力。

书籍装帧设计人员在专业上能达到什么样的高度，主要取决于两个方面的素质：一是专业能力，二是创新能力。

（1）专业能力主要体现在以下方面：

1）良好的知识结构。书籍装帧设计是多学科交叉的综合性学科，书籍装帧设计专业人员除了要进行设计学的系统学习外，还应该具备市场营销学、传播学、心理学、社会学等方面的知识。

2）对作者、读者、市场有深入理解。读者是社会的人，阅览行为与复杂的社会因素、文化因素、家庭因素、个性因素相关，书籍装帧设计人员对读者的认识不能停留在消费行为学简单描述的层面上，而应该能对每一书籍装帧设计的诉求对象在此时此刻、现实生活中的消费行为及其背后的因素作出敏锐、准确分析和判断。这是知识和实践相结合所培养出的能力。

书籍装帧设计面向作者、读者，服务于市场营销，书籍装帧设计专业人员必须对书籍和市场有着深入的理解，如书籍到底通过什么样的渠道和环节到达读者的手中，某一书刊在市场上的热销或滞销的原因是什么。

3）熟悉书籍装帧设计表现手段。书籍装帧设计只是设计表现工作的一部分，一个不知道如何设计封面、编排版式，不了解书稿如何通过设计变成精致的图书、不了解不同书籍装帧设计表现手法的优劣及其应用可能性的书籍装帧设计人员，很难作出真正优秀的、能够在书籍市场中发挥实际效用的书籍装帧设计。

作者说什么，怎么说，要传达怎样的意图，设计人员都必须深入体悟和透彻分析。准确把握书稿的内涵，是书籍装帧设计工作的前提和基础。为适应不同读本、不同读者、不同内容与形式，书籍装帧设计要使用各式各样的题材、丰富的词汇和千变万化的风格。能将设计语言做高度多样化的应用，是书籍装帧设计人员的必备素质。

4）善于寻找书籍主题的切入点。书籍装帧设计人员应具有敏锐的商业洞察力和较高的艺术鉴赏力，不间断地关注国际书籍装帧设计动态，了解各国书籍装帧设计文化、艺术流派和风格变化，能够对未来书籍装帧设计的态势作出判断和预测。设计人员还应具有广博的文化素养，善于从各类艺术中汲取创作灵感，掌握创造性思维方法进而创作出新颖的书籍装帧设计作品。

5）善于综合运用其他科技知识。设计人员还应精通网络技术，熟练操作运用各类软件，熟悉输出及印前制作，了解后期工艺制作流程，具备全面的印刷知识。这些都对书籍装帧设计起着影响和促进的作用，综合这些知识并建立联系的渠道，能够给书籍装帧设计人员提供多角度的思考方式和快速的应对能力。

（2）书籍装帧设计人员的创新能力主要体现在以下方面：

1）能够触类旁通，对同一类问题及相似问题的同一性进行联系。

2）不墨守成规，敢于打破自己的思维定式。

3）把解决问题看作享乐，追求解决问题就是快乐的源泉。

4）要标新立异，新的设想总是充满了诱惑。

5）丰富的想象力，把各种因素进行拼接，寻找其可能性。

6）举一反三，对同一类问题进行科学归纳，并延展到对其他问题的解决中。

7）准确定义问题，包括鉴别实际问题、找到问题的主要方面、明确和简化问题、找出其中的线索。

8）善于联想，从看似无关的事物中发现解决问题的途径。

9）注重细节，细节体现设计的深入程度，同时也影响设计的品质。

10）善于转换，如果此方案行不通，不妨试试把它用到另一设计中。

11）准确评估，对方案的适应性和可能性进行科学分析和定量评价。

二、书籍装帧设计人员的创意思维训练

古人云："善创新者，无穷于天地，不竭如江海。"思维作为一种能力和品质，是人的智力的核心，是人的智慧的集中体现。贝斯特说："经过训练的智慧乃是力量的源泉。"

1.创造性思维的训练

创造性思维在人们的创造活动中起着决定性的作用。反过来说，一个人要进行创造活动，就必须进行创造性思维训练。书籍装帧设计作为一种创造性活动，要求设计人员具备较高的创造性思维能力。怎样提高书籍装帧设计的创造性思维能力呢？唯一的方法是进行创造性思维的训练。而且要想使训练卓有成效，还必须做到经常练习、反复实践。此外，还要修正不良思维习惯，主要有如下方面：

第一，孤芳自赏。罗兰·吉布森写道，一些人"总认为自己生活的世界比其他任何世界都好，认为自己的习惯和观念是最明智、最正确的，是空前绝后的"。这的确是一种普遍心理，人们总是相信自己说得对，自己的观点正确，自己的做法有道理。"孤芳自赏"的危害性是显而易见的，它有损于事物评价、判断的客观公正性，这就容易干扰对事实的求索，甚至会误入歧途。

第二，顾全面子。顾全面子最常见的形式是自我原谅，更严重的形式就是强词夺理，明知自己理亏，但有碍面子不愿承认，对自己的过错轻描淡写，甚至推脱责任。于是就东拉西扯、无理找理，甚至狡辩、诡辩，只求自己面子上过得去，而置事实、情理于不顾。为控制保全面子的倾向，当感到自我形象受到威胁时，要及时提醒自己：不承认所犯错误等于又犯了一个错误。

第三，因循守旧。即沿袭陈旧的习俗、传统乃至观念，对新思想、新方案不经公正的判断就加以拒绝。当然，这里说接受新观念并不是刻意要求人们接受所有新的东西，因为所谓"新"东西不见得都是先进的或有价值的，接受新观念就是对每一种新思想包括非常离奇的思想都要认真

加以考虑，而不要匆忙下结论。

第四，随波逐流。所谓"随波逐流"，是指一切服从众人，按众人的意志说话、办事的心理和行为现象。随波逐流的产生，一是缺乏独立思考的习惯，总是一味地相信别人，习惯于依靠别人出主意、想办法；二是害怕被孤立，不愿直言不讳地表达自己的观点，更不敢反对大多数人的意见。当然，也不要以为不相信他人、不按照他人的方式行事就是与从众意识作斗争，应该不管他人看法如何，都要进行独立思考，都要表明自己的观点。

2. 突破思维定势的训练

在长期的思维活动中，每个人都会形成一种自己惯用的、固定的思维或行为模式。当面对某个问题时，便会不假思索地把问题纳入已经习惯的思维模式，并依据这种模式来思考和处理问题，这种模式即思维定势。思维定势一旦在人的头脑中形成，往往会产生以下两种结果：一是在处理日常事务或一般性常规问题时，它能使人们驾轻就熟、迅速果断地识别对象、作出反应，又快又好地解决问题；二是在面对从未遇到过的新问题，特别是需要创造性地解决问题时，思维定势会遮挡人们的视野，束缚人们的思维，甚至变为思维的阻力和行为的障碍，从而使问题难以得到解决。所以必须进行突破思维定势的训练。

（1）突破权威定势的训练。人们对权威的尊崇是理所当然的，但若"迷信"甚至"神化"的尊崇的对象，使自身"丧失了个性"，则就得不偿失了。为了保持思维的活力，应进行几个方面的训练，以突破头脑中的权威定势。

（2）突破唯经验定势的训练。众所周知，经验是极其可贵的，在一般情况下，经验是经历和能力的体现。然而，经验与创造性思维的关系，却应当辩证地看：一方面，人们既承认经验的作用，又能够认识到经验的相对性和局限性，将其提高为理性的成果，这就是一种创造；另一方面，人们有可能过分看重经验，形成固定的思维和行为模式，造成"唯经验定势"，影响创造性思维的发挥。

突破唯经验定势的关键是要对经验有正确的认识，既要重视经验，借鉴先进的经验，并在此基础上寻找新的思维方向，提高思维的层次，以求新的发现；又要清醒地认识经验的局限性、狭隘性，避免其负面影响，防止形成唯经验定势。

此外，突破唯经验定势可以从习惯入手，进行经验逆反训练。如此一来，一方面，可使自己的生活更加丰富多彩，不致单调乏味；另一方面，从改变这些习惯及经验中产生的体验还可开阔视野、活跃思维。

3. 视角泛化训练

所谓"视角泛化"，是指观察事物要有多个视角，也就是说，人们对于任何事物都不能只从一个角度去看，不能单从固定的角度去看，而应该从不同的角度去看，从变化的角度去看。创造者需要一种敏锐的观察力，这种观察力通常表现为一种不同寻常的视角，以不同寻常的视角去观察寻常的事物，就有可能发现事物不同寻常的性质。这种不同寻常的性质，往往并非事物新产生出来的，而是一直存在于事物之中，只是由于人们习惯于用寻常的视角进行观察，因此从未被发现罢了。

视角泛化训练方式主要有以下三种：

（1）定性视角泛化训练。人们在思考问题时，总爱在脑子里给这个问题下一个定性的判断：真或假、美或丑、长或短，等等，总之，不是"对"即是"错"，不是"肯定"即是"否定"，并以此来表明对它的基本态度。然而，世界上的事物并非总是那么绝对，若能从"肯定"到"否定"之间进行多层面的思考，那就会避免偏颇，对问题把握的也会更加全面，更加准确。

（2）历时视角泛化训练。人们为了便于把握外界的事物和观念，往往将其简单化，将实际上动态的、发展的东西"截取"一段，变为静态的、凝固的东西来处理，即习惯于采用"今日视角"看待事物，这样就难以避免认识上的一种偏向，即只看眼前，而不去刨根问底，忽视了它的来源和它的去向。为避免这种过失，就要运用"往日视角"和"来日视角"观察世界，以弄清事物的"来龙去脉"。往日视角与来日视角统称为"历时视角"，它可以穿越时间的隧道，上可以追溯过去，下可以展望未来，即所谓"寂然凝虑，思接千载"，通过历时视角泛化训练，能够提高创造思维能力。

（3）主体视角泛化训练。主体视角泛化是指人们的视角突破了自我的界限，变得空前开阔，从而使思维进入一种新的境界，它实际上就是一种换位思考。

人们总是习惯以自我为中心去观察和思考外界的事物，并以自我的爱好及价值观念等作为标准尺度来衡量和评价好坏优劣，即所谓"自我视角"。从创造思维来说，自我视角容易使人思维狭隘，不利于新颖构思的产生，而"非我视角"是一种比"自我视角"宽广得多、丰富得多的视角，掌握了这种视角，眼界就变得开阔许多，因此，应多进行"非我视角"的训练，学会从非我的角度观察和思考事物，充分发挥思维主体的"视角转换功能"，实现对于自我的突破。

BOOK BINDING

DESIGN AND PRACTICE

目录

结题

纸上得来终觉浅　绝知此事要躬行

开题

问渠哪得清如许　为有源头活水来

——〔宋〕朱熹

BOOK
BINDING

DESIGN
AND
PRACTICE

课题1 文明的印记——书籍装帧设计的产生

1.1 课题提要

1.1.1 课题目标

1.1.1.1 思政目标

中国书籍文化对世界书籍文化的巨大贡献，代表东方书籍特征的中国书籍在世界书籍史中的重要地位。指导学生领会书籍设计中蕴含的家国情怀。通过书籍设计课程，让学生明确书籍设计师的职业道德及行业使命，培养学生知行合一的行业价值观。

1.1.1.2 专业目标

不同时期的文字和字母具有不同的情感象征意义，引导学生运用好字体表达书籍内涵。书籍装帧设计是一项整体设计活动，与市场效益密切相关，在设计中应予高度关注。要充分认识书籍产生的缘由，明确装帧设计在书籍中的独特作用，使学生对书籍装帧设计有一个系统和全面的认识，为进一步学习奠定基础，达到学以致用的目的。

1.1.2 课题要求

了解书籍是文明的标志，是民族文化的代表，是人类智慧的象征。理解书籍内容与形式必须高度统一，以及装帧设计对书籍的能动作用。厘清装帧设计的概念和基本构成要素，充分认识书籍装帧设计是一项涉及多学科的系统工程。

1.1.3 课题重点

书籍装帧设计是艺术与工艺相融合的学科门类，这是书籍装帧设计的功能和特征。

1.1.4 课题路线

了解文字与书籍的关系→熟悉书籍的基本构成要素及形态表现→开展校园调研→掌握书籍的类别→选择及阅读预设计的书籍→提前预习下一课题内容。

1.2 课题解读

书籍是人类文明进步的阶梯，它给人们以知识与力量。书籍虽然是静的艺术，然而它通过设计，却可以产生韵律，造成一种流动的美感，形成一种连续的欣赏过程。

1.2.1 字以记事

文字让人们有了可以精确记载历史的工具，让生产生活更加系统化，使人们的生活进入了一个新纪元。在中国古代传说中，文字是由仓颉（图1.1）所造，汉代《淮南子》记载，仓颉创制文字的时候，"天雨粟，鬼夜哭"，天上掉粮食，鬼神在夜里痛哭流涕，可谓"惊天地，泣鬼神"。仓颉造字无据可考，但《淮南子》的记叙却说明古人已经很清楚地认识到了文字在人类历史上的重要意义。

图1.1 《仓颉像》（徐悲鸿 绘）

那么在没有发明汉字前，人们是怎样记事的呢？有以下三种说法。

一是结绳记事说。结绳是原始民族普遍采用的一种记事方法，《易·系辞下》说："上古结绳记事，后世圣人易之以书契。"在文字产生之前，古人用结绳记事，以帮助记忆，今天虽然看不到结绳记事的遗迹，但可以在现在的一些民族中找到实例，如云南省的怒族、佤族就用大小不同的绳结表示不同的事情和数目。

二是物件记事说。物件记事是用实物表达思想、传递信息，如用苦果表示同甘共苦，藤叶表示永不分离等。这种借实物音、义表达思想感情的方法，后来成为"会意""假借"等造字方法。

三是刻画符号说。因为可以创造出许多符号，刻画在不同的物件上，所以这种记事方法有广阔的发展余地，唐兰先生在《中国文字学》中指出："文字本于图画，最初的文字是可以读出来的图画。"他所指的"图画"其实就是由刻画符号演变而来的，我国曾在40多个地方先后发现了500余个刻画在陶器、甲骨上的符号，它们跟商代的甲金文有的同形，有的近形，时代距今最远的有近8000年历史，因此，有人认为刻画符号是汉字的起源。

无论文字起源的说法有多少，文字最初的功能都是为了方便交流与记忆，这也是其最主要的功能。其次是文化艺术功能。从纸、笔发明后，文字已经不再局限于记录的功能，而是发展出了文化艺术功能。人们以文字为基础，不断发挥想象力与艺术，用记录文字的书籍表达自己对生活的感悟，书籍装帧设计便应运而生。

文字被创造出来以后，必须把它们书写下来才能够传播，此时就需要有一些良好的书写材料，如纸。可是造纸术是比较晚的发明，直到我国汉代的蔡伦通过大量和长期的实践实验，改进了造纸术，才使得纸张被大量应用。在这之前，世界各地的人们只能使用一些来自自然的书写材

料来记录事件，比如古代埃及人使用纸莎草，纸莎草是当时尼罗河流域生长的一种植物，当时人们把它劈成薄片，叠到一起捶打，制成了薄薄的纸草书。甲骨文和金文上的文字是目前已经发现的中国最早的成系统的文字符号，19世纪90年代末期，由清朝国子监祭酒王懿荣在偶然的机会中发现的，至今有2700多年的历史，这是一种比较成熟的文字体系。按中国古文字学家的认定，甲骨文是"目前所能看到的最早而又比较完备的文字"。它已经比较复杂，已发现多达3000个以上字汇，包括名词、代名词、动词、助动词、形容词等数大类，而且还能组成长达170多字的记叙文。

1.2.2 文字"形意"

文字因各民族和各地区的不同发展，形成了各自独立的体系。世界上大致可分为东、西两大文字体系，即东方的汉字体系和西方的拉丁字母文字体系。在书籍装帧设计中，文字的编排，字体、字号的选择，文字与图形之间、材质与工艺之间的配置，都显现出丰富和微妙的设计指向，具有情感的意蕴和象征意义，体现出设计者对书籍内容的理解和对设计的把控力。

如中国台湾的王志弘先生，其设计独特的一面在于突出文字在书籍中的作用，力求使文字元素与影像元素相平衡，达到一种秩序的平衡。他将以中国和日本为主的东方元素和西方文化元素融合在一起，形成自己独具一格的设计风格（图1.2、图1.3）。王志弘通过对现代版式的解构再创作，将自己的想法与中外文字、文化相结合，让更多的人认识和了解文字在书籍装帧设计中的作用，并对中国文字的传承起到了促进作用。

文字以"音"的形式表达，以"形"的方式体现，"形""音""义"构成了文字的三要素，意美以感心，音美以感耳，形美以感目。书籍装帧设计中不仅要熟知文字的形、义，更要在书籍系统设计中对文字精心选择、科学搭配，以达到表里如一。

图1.2　王志弘的书籍设计作品（一）（引自毛得宝《书籍设计》）

图1.3　王志弘的书籍设计作品（二）（引自毛得宝《书籍设计》）

1.2.2.1　汉字

汉字字体种类繁多，千变万化，但大体上可分为书法字体和美术字体。

1. 书法字体

书法字体也称作基本字体，具有一定的观赏价值。1899年在河南安阳发现的龟甲和兽骨上面的文字是今天能看到的最早的商代甲骨文，文字以象形为主，十分生动（图1.4、图1.5）。

图1.4　龟甲文字（引自毛得宝《书籍设计》）

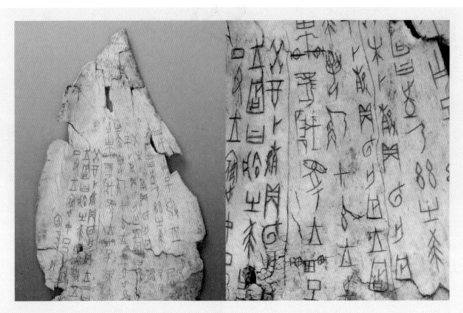

图1.5 兽骨文字（引自刘铁臂、吴灿《书籍设计》）

秦始皇统一全国后，经过李斯等人对秦文的收集、整理和简化，产生了一种具有进步性的统一文字——小篆，小篆除了把大篆的形体简化之外，还把线条化和规范化的程度提高，使之几乎完全脱离了图画形式，成为整齐和谐、十分美观的方块字体。隶书是楷书的前身，始创于秦朝，东汉时期兴盛。楷书始于汉末，魏以后兴盛起来，至西晋时以正方形成型（图1.6）。介于楷书与草书之间的是行书，它书写流畅，用笔灵活。明代丰坊在《书诀》中对行书有形象的描述："行笔而不停，著纸而不刻，轻转重按，如水流云行，无少间断，永存乎生意也。"行书因其行云流水、书写快捷、飘逸易识的特有艺术表现力和宽广的实用性，在书籍设计中应用广泛（图1.7）。

草书是由行书快速书写和

图1.6 象形文字演化示意图（赵丽 提供）

不断简化而产生的一种书体，具有挥洒自如、一气呵成的澎湃气势，多在书籍封面设计中使用（图1.8）。

图1.7　行书在书籍封面设计中的应用示例　　图1.8　草书在书籍封面设计中的应用示例
（朱瑞波 提供）　　　　　　　　　　（引自刘铁臂、吴灿《书籍设计》）

2.美术字体

美术字是指经过加工、美化、装饰而成的文字，是一种运用装饰手法美化文字的一种书写艺术，是艺术加工的实用字体，与书籍印刷设计有直接的关联。美术字从字体可分为宋体、黑体、变体三大类，每一种字体都有不同的视觉效果，设计中要根据书籍内容做出合理的选择。

（1）宋体。宋体是为适应印刷术而出现的一种汉字字体。宋体端庄秀丽，棱角分明，结构严谨，整齐均匀，有极强的笔画规律性，使人在阅读时有一种舒适醒目的感觉，一般是横细竖粗，与古罗马拉丁文的字体近似，末端有装饰部分，点、撇、捺、钩等笔画有尖端，属于衬线字体，常用于书籍、杂志、报纸的印刷设计（图1.9、图1.10）。

（2）黑体。黑体因笔画较粗、方黑一块而得名。黑体字的特点是：主要笔画粗壮，带有纤细笔触，字形紧聚，不用弧线。它的横竖笔画粗细一致，方头方尾，点、撇、捺、挑、勾也都是方头的。黑体在风格上虽不及宋体生动活泼，但却庄重有力、朴素大方，多用于标题或放在醒目的位置上，能够产生强烈的视觉效果。

黑体字在字架上吸收了宋体字结构严谨的优点，在笔画的形状上把横画加粗且把宋体字的耸肩角削平为等线状，使横竖笔画粗细一致，变宋体字的尖头细尾和头尾粗细不一的笔画为方形笔画。黑体字是现代汉字体系中最重要的字体之一，尤其是在20世纪末计算机技术和互联网技术普及后，黑体字的价值得到了进一步体现，它简洁的笔画特征与屏显介质特性相符，从而成为了当今各种文本设计中应用最广泛的字体之一（图1.11）。

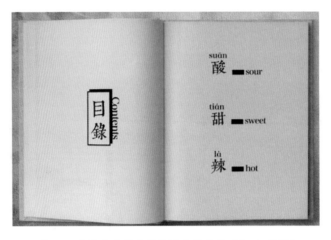

图 1.9　宋体在书籍目录设计中的应用（赵丽 拍摄）

图 1.10　宋体在书籍封面设计中的应用　　　图 1.11　黑体字在书籍封面设计中的应用
（引自刘铁臂、吴灿《书籍设计》）　　　　　（中国水利水电出版社 提供）

（3）变体。变体字体是把传统的字体作创意性、特殊化的美化与修饰，以形态美突出语言内在含义，与计算机辅助设计联系密切。

变体可归纳为琥珀体、雪峰体、舒同、综艺、粗圆、霹雳、姚体、广告体、篆体、菱心、行草、彩云、手写体等。变体字被广泛应用在书籍设计中，具有美观大方、便于阅读和识别等优点。

变体字是在基本字形的基础上进行装饰、变化加工而成的。它在一定程度上摆脱了基本字体的字形和笔画的约束，在设计上可达到加强书籍注目率和感染力的目的。变体字表达的含意丰富多彩，常用于书籍的整体设计，它运用夸张、明暗、增减笔画形象以及装饰等手法，以丰富的想象力重新构成字形，既加强了书籍的形式特征，又丰富了书籍的文化内涵（图1.12）。经过变体设计后的艺术字体千姿百态、变化万千，使装帧设计在字体选择方面有了更多的空间。

图1.12 变体字在书籍设计中的应用（王晓固 拍摄）

1.2.2.2 拉丁字母

拉丁字母起源于复杂的埃及象形文字。大约6000年前，在埃及产生了每个单词有一个图画的象形文字（图1.13）。经过了腓尼基的辅音字母到希腊的表音字母（这时的文字是从右向左写的）。公元1世纪，古罗马在文化上继承和发展了希腊文明，并将希腊字母完善为拉丁文字母体系。

图1.13 刻在古埃及石碑上的埃及象形文字（王晓固 拍摄）

1.罗马大写体

罗马字母最重要的字体是公元1—2世纪与古罗马建筑同时出现的刻在凯旋门、胜利柱和出土石碑上的严正典雅、匀称美观的罗马大写体。它的特征是字脚的形状与纪念柱的形状相似，与柱身十分和谐，字母宽窄比例适当、美观，构成罗马大写体完美无瑕的整体。与此同时，人们也在羊皮纸和巴比洛斯（纸莎草做成的纸）上写字，产生了与碑铭体相似但形状稍圆、能较快书写的鲁斯梯卡字体。

2.卡罗林小写体

公元8世纪，法国卡罗林王朝产生了卡罗林小写体，它作为当时最美观实用的字体对欧洲的文字发展起了决定性的影响，形成了自己的黄金时代。

3.哥特字体

13世纪，哥特艺术风格对欧洲的文字形式产生了深刻影响，与耸立、向上的建筑风格相似，形成了小写字母的线条向中间聚拢成并列的直线、到处折裂成尖角、字母"O"写成六角形、行距缩小的哥特字体，也称折裂字体。

4.斜体

15世纪中叶，德国人古登堡发明铅活字印刷，对拉丁字母形体的发展产生了极为重要的影响。斜体形式是由于快速书写而自然形成的，为求美观还装饰有盘旋飞舞的线条。意大利人格列福设计了世界上第一套斜体活字，它比直立的字母显得明朗、欢畅。最初它是一种独立的书籍字体，后来发展为用于加重语气和设计标题的字体。

5.文艺复兴字体

文艺复兴字体多样，其中最成熟的是法国人加拉蒙的同名字体，它的纤细的字脚和头发似的细线构成了畅快明亮的调子，优雅而亲切，在易读性、美观和装饰效果上也十分成功。巴洛克字体最有代表性的是英国人卡斯龙的同名字体，其粗细线条对比强烈，明朗舒畅，因为它适合排印任何文体的书籍，所以也是今天最常用的字体。法国最著名的字体是迪多的同名字体，它更加强调粗细线条的强烈对比和字形的朴素。在意大利，享有"印刷者之王"称号的波多尼的同名字体同样具有强烈的粗细线条对比。

6.新古典主义字体

19世纪初，在英国产生了第一批广告字体——格洛退斯克和埃及体。它们都有几乎相等的线条，也称为无字脚体，它完全抛弃了字脚，只剩下字母的"骨骼"，十分朴素有力，与汉字的黑体十分相似。这些字体和字母都对书籍装帧设计起到了重要的影响（图1.14、图1.15）。

1.2.3　形神兼具

中国古人对"装帧"概念这样表述："装订书籍，不在华美饰观，而要护有道，款式古雅，厚薄得益，精致端正，方为第一。"日本书籍设计界的原研哉对于"装帧"与图书设计二者关系的解释是："最近有人提出'图书设计'概念，从'书籍整体设计'的意义上讲，它更明确地表

图1.14 拉丁字母各字体在书籍设计中的应用
（一）（吴铁 拍摄）

图1.15 拉丁字母各字体在书籍设计中的应用（二）（王晓固 提供）

达了装帧的意思。"装帧设计，有其不可忽视的力量所在，因为它比书的内容更先闯入读者的视野。如封面，就是书籍与读者最直接交流的桥梁，读者常常是被书的封面吸引而驻足，再看内容简介，再概略浏览，从而引发了深入阅读的兴趣、购买和收藏的欲望，并介绍给良朋知己。

书籍装帧设计是书籍造型设计的总称，一般包括选择纸张、封面材料，确定开本、字体、字号，设计版式，决定装订方法以及印刷和制作方法等。书籍装帧设计是完成从书籍形式的平面化到立体化的过程，它包含了艺术思维、构思创意和技术手法的系统设计。书籍装帧是一种艺术创作，是人们运用美的规律所创造的以阅读和使用为实用目的的物质载体。

书籍装帧设计既有平面的设计，也有立体的设计。这种立体是由许多平面所组成的，不仅从外表上能看到封面、封底和书脊三个面，而且从外入内，随着人的视觉流动，每一页又都是构成立体的平面。人们用建筑艺术比喻书籍装帧设计艺术：建筑艺术是空间艺术、静的艺术，然而它通过布局，可以产生韵律，造成一种流动的感觉；书籍装帧也是如此，通过封面、环衬、扉页，步步接近正文。这一连续的欣赏过程，犹如在游览中国的园林，进入园门，逐步引向深入，曲径通幽，最后进入正殿。在书籍的"正殿"中又透过插图这扇"窗户"，看到文字中所记载的主人公的形象、活动、环境等。（图1.16、图1.17）这种由外入内不断行进的过程，则根据不同类型、不同体裁风格的书籍内

图1.16 《天工开物》封面设计
（张鹏 提供）

容产生不同的韵律变化。感情色彩比较浓厚的文艺书，变化形态应大些、活泼些；而严肃的理论专著，设计中则要求层次分明、有严谨的秩序感。

图1.17 《天工开物》中的插图设计（吴铁 提供）

　　书籍装帧设计又是一门"构造学"，是将书籍外在造型与内容进行整体设计的综合学问，是以书籍的整体设计为载体，包括书籍的封面、环衬、扉页、序言、目录、文字、版式、插图、页码等一系列的设计，最终将书籍做成一个有血有肉、充满感情与特质的生命体。因此，书籍装帧设计不仅是为书籍披上一件美丽的外衣，而且是以书籍的整体形态为载体的多层次、多因素、多侧面、立体的综合工程；是集平面设计、字体设计、版式设计、包装设计、插图设计、印刷装订工艺为一体的综合设计。"书籍装帧设计与实训"则是针对上述表述有针对性地进行设计实践活动。

1.2.4　书亦有商

　　书籍伴随着社会的发展，是人类知识最稳固、最常用的表达形式，它记录了人类的情感、劳动和智慧，同时也是传播文化的重要媒介。书籍装帧设计是商业艺术，其价值具有双重属性，既要遵循经济规律，还要满足读者日益增长的审美需求。如何平衡审美价值与商品价值两者之间的关系，是每一位设计者与出版人需要共同面对的问题。书籍装帧设计必须与时俱进，不断开拓新的设计形式与市场，以"人本主义"的思想来促进书籍设计的发展，使文化价值与商业价值并行不悖。

　　图书市场的激烈竞争、计算机数字技术的出现，加之书籍设计观念的更新，书籍设计的审美功能和文化层次都得到不断提高。同时，商业经济也给书籍设计人员带来了机遇和挑战，提出了许多新的思考：书籍是一种精神产品，也是一种特殊的文化产品；书籍要在市场竞争中取得成功，必须对书籍设计的商业功能及设计要素进行研究，这是一项重要的实训课题。市场经济下的书籍装帧艺术离不开市场需求，艺术和商业价值因需求而有不可分割的联系，市场需求在一定意义上促成了书籍设计的一个重要基础和衡量设计成功与否的尺度。在设计和市场的关系中，书籍装帧设计具有对市场需求的引导作用，这是由设计本身所具有的创造性和未来性所决定的，它不仅要适应市场需求，而且还能创出市场需求。可以说，新的市场需求实际上是由新设计引发的，是书籍装帧设计创造了一个新的书籍市场。

"我常常默默地设想，天堂应该是图书馆的模样。"这是思想家博尔赫斯留给后人的一句经典话语。从人类壮阔的发展史来看，没有书籍的世界，人类的记忆就像流动的沙丘，生命的根须将无法深驻大地。书籍是人类文明的载体，是人类文明的伟大标志，是人类智慧、意志、理想的体现，是人类表达思想、传播知识、积累文化的物质载体。它借助于文字、符号、图形，记载着人类的思想、情感，叙述着人类文明的进程。一本书是一个不灭的灵魂，一本书记叙着一个时代、一个民族的历史。因此，书籍是大于时空的意义符号。书籍装帧设计则是物化了的文字的结构和形态，是人类智慧所创造的"第二个自然界"。书籍装帧设计是一个立体的、多侧面的、多层次的、多因素的系统工程，是当代社会科学和学术领域中一项十分重要的学科。书籍装帧设计的意义就在于它体现了一个国家高度的文化水准和现代化科学技术水平。一本好书应做到内容与形式、艺术与功能的有机结合，令人爱不释手，读之受益。

1.2.5 书籍类别

书籍的种类繁多，内容包罗万象，为了更好地规范书籍市场，使设计人员更清晰地认识在设计书籍时应思考的侧重点，可以根据它的内容性质大致归类。

1.2.5.1 科普类书籍

科普类书籍是指传播科学知识、科学方法、科学思想和科学精神等的科学普及读物。根据自然、社会和思维的知识体系，大致分为自然科学和社会科学两大类。自然科学除了人们熟知的数学、物理、化学之外，还包括地理、天文、医学、生物等综合性学科和许多边缘学科。社会科学包括历史、经济、心理、社会、公共关系等诸多学科（图1.18、图1.19）。

1.科普类书籍的特征

（1）科学性强。以科学规范、严谨的固有特性为原则，真实客观地反映主题内容。内容真实、成熟、准确、阐述清晰。

（2）思想性强。由于科普类书籍所涉学科的不同，其内容往往也大相径庭。一本科普图书通常针对某一科学领域或某一科学现象等进行科学阐释，传播相关科学知识，因此，科普类书籍具有主题思想高度集中的特点。

（3）可读性强。架构清晰，逻辑性强，情节缜密，易学易懂，上手简单，说理通俗易懂。

（4）普及面广。科普类书籍的内容丰富、科学、实用，能为大多数读者所用，有相对宽广的受众群体。

2.科普类书籍的设计要点

（1）突出科普特征。科普类书籍在设计时应区别于一般书籍，突出科学感、现代感、未来感，可调动各种手法表现书籍的内容特征，色彩、纸张、材料都能传达设计效果。使用特种纸张和多种印刷工艺，可使印制后的封面呈现出特殊的视觉效果。

（2）强化色彩语言。科普类书籍可以通过色彩强调其神秘感，以突出主题、渲染科学本质特征，有助于视感认同的有效渗透（图1.18）。通过色彩渐变和虚化处理，可营造一种虚幻的视觉感来强调科技内涵。

（3）注重形象感受。科普类书籍一般采用庄重大方、严谨规律、简洁明朗的造型，注重抽象、概括与凝练的视觉形象，使读者能意会到其中的含义（图1.19），得到精神享受并收获科普知识。

图1.18　科普类书籍设计（一）
（张鹏　提供）

图1.19　科普类书籍设计（二）
（赵丽　拍摄）

1.2.5.2　文艺类书籍

文艺类书籍是指文学与艺术书籍，是以研究和评论文化与艺术作品、宣传和传播文化与艺术思想等为主题内容的书籍。文学艺术作品的体裁和内容十分宽泛，包括小说、诗歌、寓言、童话、报告文学、音乐、美术、戏剧、舞蹈、评论等。

1.文艺类书籍的特征

文学类书籍是由语言文字组构而成的，以不同的形式（严肃文学、通俗文学、大众文学等）表现内心世界或再现一定时期、一定地域的社会生活等的读物。艺术类书籍强调形式多姿多彩、独具匠心，以期达到至高的艺术境界。艺术类书籍既有对客观世界的认识和反映，也有对主体性的情感、理想和价值观的表现。文艺类书籍的共同特征是富于想象力和具有较强的情感鼓动性。

2.文艺类书籍的设计要点

（1）突显艺术价值。文艺类书籍的设计不能仅仅是浅显直接的文示或图解，设计者要对内容有透彻的理解，才能恰当、准确地运用视觉语言进行表现。

（2）丰富色彩内涵。文艺类书籍的色彩要求具有丰富的内涵，要有深度，切忌轻浮、媚俗。文艺类书籍的色彩除简洁典雅之外，还在于装帧与内容的完美结合，能让读者通过色彩感受到图书内容的风格。

（3）体现审美情趣。一般要求新颖、大方、美观，能够显示书籍的特点。如运用云纹、印章、书法等传统元素采用现代感的表现手法，体现书籍的意境和时代特征（图1.20、图1.21）。另外可以加上能够表达书中主题思想的图案或图画，文内可视需要附以插图。

图1.20　文艺类书籍设计（一）（引自孟卫东、王玉敏《书籍装帧》）

图1.21　文艺类书籍设计（二）（引自孟卫东、王玉敏《书籍装帧》）

1.2.5.3　生活类书籍

生活类书籍是指反映人们生活百科的通俗读物，是以宣传大众文化、传播生活经验、提供日常休闲等为主题内容的书籍。

1.生活类书籍的特征

生活类书籍以大众生活为主体，面向大众读者，贴近、服务、介入和引导大众生活，融服务性、实用性、知识性和趣味性为一体。其内容往往浅近明白，表述上也流畅易懂，被大众喜闻乐见。

2.生活类书籍的设计要点

（1）突出知识性。从广义上说，凡是读者不知或欲知的新鲜事，对他们来说就是知识。设计过程中应对此类知识予以关注。

（2）强调大众化。设计应既通俗易懂、浅近明白，又符合受众的审美趣味，形式宜活泼多样。

（3）体现时尚感。能够在表达作者的思想情绪和审美理想的同时，展现设计的时尚感（图1.22~图1.24）。

图1.22　生活类书籍设计（一）　图1.23　生活类书籍设计（二）　图1.24　生活类书籍设计（三）
（引自孙彤辉《书籍设计》）　　　（赵丽　提供）　　　　　（引自孙彤辉《书籍设计》）

1.2.5.4　工具类书籍

工具类书籍包括手册、图谱、辞书等，是帮助读者解答问题和查找资料的书籍。

1.工具类书籍的特征

工具书具有集知识性、技术性、信息性于一体的特色；具有针对性和实用性强、权威性高、前瞻性好、使用范围广等特性；具有全（覆盖面大、品种全）、准（技术内容及信息可靠）、精（精选品种、文字简洁明确）、新（结合现状，反映当代前沿）的特点。

2.工具类书籍的设计要点

由于工具书需要经常翻阅，故多用精装，在材料选择时应考虑它的使用寿命。为了降低成本，可采用纸面布脊装订。在色彩方面，宜用耐污的深色调。设计需简洁大方，切忌琐碎零乱（图1.25）。

1.2.5.5 少儿类书籍

少儿类书籍是以少年儿童为读者对象的书籍，包括思想品德教育书籍、文艺书籍及各种知识普及书籍等。此类书籍只有考虑少年儿童的年龄特征、心理特点，知识接受能力，才能受到小读者的欢迎。根据年龄阶段不同，少儿类书籍可分为低幼读物、学龄儿童读物、青少年读物等。这类书籍设计的最大特点就是要针对少年儿童的心理特征，结合书籍内容，并按照他们的视觉审美需要来进行定位、设计（图1.26~图1.28）。

图1.25 工具类书籍设计 （吴铁 提供）　　　　图1.26 少儿类书籍设计（一）（赵丽 提供）

图1.27 少儿类书籍设计（二）（赵丽 提供）　　图1.28 少儿类书籍设计（三）（朱瑞波 提供）

1.少儿类书籍的特征

少儿类书籍融知识性、趣味性、审美性于一体，在给少儿传授知识的同时，还要注重艺术和审美的教育。

BOOK
BINDING
DESIGN
AND
PRACTICE

2.少儿类书籍的设计要点

（1）少儿读物注重活泼多变，讲究图文并茂。由于儿童的生理和心理尚处在发育中，因此文字相对要大一些，字行要疏，插图应生动，色彩应鲜艳，充满童趣。

（2）少年儿童对于具体的形象更容易理解，因此如在设计上以追求天真、活泼、写实手法与漫画卡通并存的形式来构成版面，会更利于他们接受。

（3）儿童类读物具有知识性、趣味性的特点，此类书籍设计表现形式追求生动、活泼，采用变化形式多样而富有趣味的字体，如POP体、手写体等，比较符合儿童的视觉感受。

（4）一般来说，设计少儿读物时要针对幼儿娇嫩、单纯、天真、可爱的特点，减弱各种对比的力度，强调柔和的视觉效果，会取得较好的设计成效。

1.2.5.6　画册类书籍

画册类书籍不同于一般意义上的书籍，是指以图画为主要内容和形式、可适当穿插文字的书籍（图1.29~图1.31）。

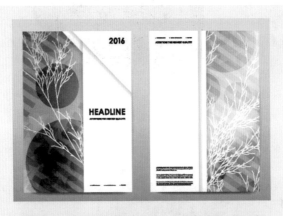

图1.29　画册类书籍设计（一）（朱瑞波　提供）

图1.30　画册类书籍设计（二）（张鹏　提供）

1.画册类书籍的特征

（1）直观生动性。与文字类书籍相比，画册类书籍更直观、生动，可以很容易地把那些文字无法表达的信息表达出来，易于浏览者理解和接受。

（2）思想的意象性。由于画册作者在创作时难免有一定的主观意识，所以画册将不可避免地带有作者的思想和情绪，因而具有很强的意象性。

2.画册类书籍的设计要点

（1）应使主题鲜明突出。为使版面具有良好的引导力，鲜明地突出主题，可以通过对版面的空间层次、主从关系、视觉秩序及彼此间逻辑条理性的把握与调整来达到。

（2）应使形式与内容相统一。只讲究表现形式而脱离内容或只求内容而没有艺术的表现，都会失去画册类书籍的审美意图。

图 1.31　画册类书籍设计（三）（朱瑞波 提供）

（3）应强化整体布局，即将版面各种编排要素在编排结构及色彩上作整体设计。

1.2.5.7　教材类书籍

教材类书籍是指通过收集、整理国内外已有的学科成果，按照教学规律加以总结从而使之系统化的教学图书（图 1.32、图 1.33）。

图 1.32　教材类书籍设计（一）（吴铁 提供）

图 1.33　教材类书籍设计（二）（赵农 提供）

1.教材类书籍的特征

（1）总结和反映编著者长期积累的丰富经验，教学适用性强，为多所学校选用，教学效果显著，在人才的培养上能发挥重要作用。

（2）在内容和体系上有新的突破，经过教学实践证明有显著效果。

2.教材类书籍设计的设计要点

（1）强调突出科学感、现代感、未来感。设计风格上一般表现为庄重大方、严谨规律、简洁明朗，并注重抽象的概括与提炼。

（2）设计应庄重、专业、朴实，可加以适当的装饰，但必须与内容协调一致，而且不宜烦琐。

1.3 案例解析

1.3.1 鲁迅先生的书籍封面设计

中国的现代书籍装帧设计是随着新文化运动的开始而发展起来的。新文化运动时期是中国书籍装帧设计承上启下的关键阶段，既是探索和发展的时期，也是中国书籍装帧设计从传统向现代转变的起点和关键点。书籍形式的艺术化表现、文字的形体、版面的设计以及风格的演变都是不同的传统，不同的时代背景，不同的文化互相影响、互相交织的产物。体现书籍本身的文化内涵，使民族传统文化精神和中西方设计元素有机结合，是现代书籍装帧艺术的精神所在。

封面设计是鲁迅书籍装帧设计最突出的成就之一，其设计在立意上独具匠心、形式多样；在视觉要素的运用上，图形表现方法灵活、兼容并蓄，文字造型新颖多变、个性鲜明；色彩运用上惜色如金、以少胜多。通过鲁迅书籍装帧设计呈现的形态特征。可以看到他对传统文化精神的批判与继承，以及在鲜明时代精神中体现出的中西观念之间的碰撞与交汇。

1.民族性

鲁迅所主张的民族性的核心就是民族传统文化和现代精神的融会贯通。他认为书法是一种非常重要的传统元素，因此，他利用汉字的结构特征精心设计标题，形成了独特的设计风格。文字在他的书籍封面设计中占据了很大的比重，尤其是书法字体在书籍封面设计中被应用得淋漓尽致。鲁迅的书籍封面设计大都以清新简练、变化无穷的汉字为主，从而加强版面的视觉冲击力。鲁迅在标题设计上根据书籍内容需要将标题笔画结构进行大胆变化，形成厚重、轻灵、开张、收敛等个性风格。在传达书籍文字信息的同时，散发出气韵生动的艺术魅力。

现代字体设计是书籍设计乃至平面设计中至关重要的一步，而在鲁迅早期作品《呐喊》《十竹斋笺谱》《海燕》等书籍的设计中，就已经能够清晰地看到他对于书籍封面设计进行的字体创作。1922年出版的作品《呐喊》就是这类封面设计的一个重要代表。鲁迅在设计时用深红色作底色铺满版，显得沉重有力。深红色既象征着受害者的血迹，又预示着斗争和光明（图1.34）。

图1.34 《呐喊》封面色彩和文字的运用有着很强的鼓舞力和号召力

另外，石刻这门古老的艺术在鲁迅的搜集和推广下焕发出新的生命力，古老的文字和图案在他的书籍封面上跨越千年，焕发了生机。鲁迅采取变通之法对石刻艺术加以推广，并运用搜集所得的石刻拓片，摘取纹样融入他所译著的书籍封面设计中。例如1923年出版的《桃色的云》，这本书是鲁迅翻译的爱罗先珂的童话集。封面为白底，上半部分印有红色汉画人物、禽兽及流云组成的带状装饰，红色像朝霞、像流云，还像流动的幕布。这个纹饰的选择是有其寓意的，不仅点明"桃色的云"的主题，而且暗示读者这是一本极富想象的童话集。封面下边用宋体铅字排书名和作者名，并印为黑色，清新简练、上下呼应，整体有一种灵动雍容的传统之美。由此看出，鲁迅研习汉画不拘泥于形式，而是将其创造性地运用到封面设计上，是翻译书在装帧设计民族化上的成功尝试（图1.35）。

图1.35 通过对吉祥纹样的组织，使封面呈现出雍容和温暖的视觉效果

2.世界性

"拿来主义"是鲁迅对中外传统文化遗产的一贯主张，既不全盘继承，也不一概否定。鲁迅认为吸收西方的优秀艺术是极为必要的，因此鲁迅在传承和弘扬中国传统文化的同时，通过借鉴西方文化形式，对西方文化采用"拿来主义"，用以增强版面的艺术表现力。如在书籍封面中，直接将外文书籍中的插图应用于版式设计中以突出主题，体现书籍的异域特色，统一版式编排风格。

《引玉集》是一本介绍苏联版画的画册，鲁迅以"三闲书屋"的名义在1934年自费出版，有精装、平装两种版本。平装本封面有图案，用浅米黄色作底色铺满版，上面印红色色块。这个红色稳重且热烈，色度饱满，有一种压抑不住的欢乐气氛。黑色的字和用横竖分割的线框压在红色色块上，显得非常庄重。手写的黑体书名显得突出且活泼。横排手写苏联版画家的外文名字和"木刻59幅"字样用横线隔开，既轻松又不凌乱，且装饰性强，这在当时也是一种新的设计方法。《引玉集》的整个封面大方、简练，温暖的色调充满东方趣味，寓意欣欣向荣和召唤光明。从中也可看到鲁迅对这本画册的良苦用心和对苏联版画的重视，充分体现了鲁迅在书籍装帧设计上采取的"兼容并蓄"的态度（图1.36）。

图1.36 《引玉集》的封面设计在当时是一种创新

3.时代性

鲁迅对书籍封面插图的重视，显示出其高瞻远瞩的专业眼光。他认为书籍的插图原意是装饰书籍，增加读者的兴趣，能够补助文字之所不及之处，同时，封面插图也是一种宣

传画。鲁迅始终站在全球文化的立场上来看待中国传统文化，希望通过他们这一代的努力，吸纳和融合东西方文化的精髓，创造出既具有中国民族特色又富有时代气息的艺术作品。

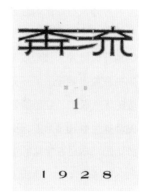

图1.37　"奔流"变体字装饰风味浓郁

《奔流》（第一期）于1928年出版，封面刊名由鲁迅亲自题写，大大的"奔流"二字非常突出，笔画相连，左右贯穿，视觉效果有奔流的体势。勾得很细的"奔流"二字的边线有很强的装饰性，"奔流"二字的字体做了变形处理，装饰效果非常突出。版面用浅米黄色作为底色，红色的"第一卷""1"四个字在封面中央，有醒目和提示的功能。整个封面视觉效果大方，艺术修养高，有文化内涵（图1.37）。

1.3.2　杉浦康平的书籍装帧设计

当一部最后敲定的书稿交到设计者手中，书籍的装帧设计旅程便开始了，直至能成为正式出版物。这是一个整体性的经历：书稿的主题内涵确立了从属内容的设计定位，包括书的形态，即开本、大小、装订方式、内文的版面构成、插图等；书的外表，即封面、封底、书脊、环衬等；还有纸张材质选择、印刷工艺的要求等。书籍装帧艺术是主观艺术的激情迸发与客观现实要求相互较量的艺术，是糅合了众多因素而达到和谐整体的艺术。

日本著名书籍设计家杉浦康平曾形容现代书籍的装帧设计"是从一张纸开始的故事"，由二维纸张的对折、束叠、装订，并融合其他材质构成而形成一本有生命的书，艺术便蕴含其中了。杉浦康平的书籍装帧设计一直走在世界的前沿，在日本他被誉现代书籍艺术设计的先行者。在他现今的所有平面设计作品中，无一例外地体现着他所理解的设计理念。他对每本书或每本杂志的设计，都像是在对一个立体空间进行剖析和设计。他的名言是："一本书不是停滞某一凝固时间的静止生命，而应该是构造和指引周围环境有生命的元素。"在对事物的观察上，他更是极具创意地提出了"五感世界"的理念，指出设计并不是单一的视觉问题，而是人全身心的感觉的创造活动，他倡导用多感官多视角来观察世界。

杉浦康平的诸多作品多将西方规范化的设计方式与东方神秘的混沌理论意识相结合，他曾说自己的设计是"悠游于秩序与混沌之间"，这一设计理念体现在他对中国汉字在封面设计中的运用。如书刊《游》的封面，主题为"万物之间的相似律"，整个版面都是所谓的"游"字（日文是"玩耍"之意），但是他把汉字模糊化了，他利用相似度的概念进行设计，虽然整体看上去都是"游"字，实际上只是字形相似罢了，这也是他混沌理论在设计中的体现（图1.38）。

1.3.3　吕敬人的书籍装帧设计

吕敬人，1947年出生于上海，著名书籍设计师，插图画家。清华大学美术学院教授。吕敬人说："书籍设计最重要的是促成有趣的阅读。"他认为书籍设计的成果就是读本的美化与物化，无

图1.38 "游"字在似与不似之间产生微妙的变化

论是封面、色彩、结构、工艺、字体还是纸张，归根结底都离不开与读本的配合。设计者要深入读本的结构，让设计参与到故事的叙述中，让读者对书籍形成物质上的触摸。书籍设计是一门艺术，是创造性的工作，但是创造的内容，就是给一本书建立秩序，然后用艺术的思维驾驭秩序。书籍设计是一个系统性的工程，也是在强调秩序和层次。他提出"书筑"的思路，就是把一本书当作一座建筑来看待，让文字和图像成为诗意栖息的场所，任何一本书中都有不同的空间和节奏，必须承担着各自的功能，有条理、有次序，才能够引读者深入，并容纳书籍的生命力。吕敬人说："书籍设计的门槛比装帧和插图要高，而且耗费的精力也更大。过去设计封面，只需要会画画，现在必须得成为'杂家'，方方面面的知识都要学习、掌握，触类旁通。音乐、戏剧、电影、科技……知识可以引发联想，也可以帮助设计者理解不同的读本。书籍设计人员不仅要是一个好奇者和求学者，更必须要有工匠精神和工匠意志，这样才能做出最好的书。"

1.《西域考古图记》装帧设计

在《西域考古图记》的设计中，吕敬人将封面层切嵌贴，并压烫斯坦因探险西域的地形线路图。函套本加附敦煌曼荼罗阳刻木雕版。木匣本则用西式文具柜卷帘形式，门帘雕曼荼罗图像，整个造型富有浓厚的艺术情趣，激起了人们对西域文明的神往和兴致（图1.39）。

（a）附有地形线路图的封面　　　　　　　　（b）函套设计具有浓郁的地域风情

图 1.39　《西域考古图记》的封面与函套设计

2.《对影丛书》装帧设计

《对影丛书》这本书是吕敬人为《托马斯·拜乐作品集》所做的两本合二为一的联体书，也是设计者与作者的对话。黑白、阴阳、左右、竖排、横排……诸多设计语言表达的思考，体现出东西文化探讨的主题。（图1.40）德国著名书籍设计家冯·德利希说："重要的是必须按照不同的书籍内容赋予其合适的外貌，外观形象本身不是标准，对于内容精神的理解，才是书籍设计者努力的根本标志。"让读者阅读起来方便、易读、有趣，并使其成为生活的一部分，就是一本好的书籍设计。书籍的整体设计要把握书的内容和形式的统一，从封面到内文的每一面均不能游离于主题，要确立一种形式风格，经过有序的编排，产生节奏和旋律。个性是书籍设计的生命。

 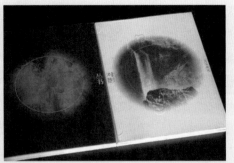

（a）两本合二为一的联体书，在黑白反差中相对应　（b）细腻的设计语言引发阅读的兴趣

图 1.40　《对影丛书》的设计

1.3.4　尹琳琳对《这个字，原来是这个意思》的设计

《这个字，原来是这个意思》是一本从汉字字形出发，研究其词义源流的书。汉字字形几经

演变，现在使用的简体字很多已经看不出造字时的原意了。书中每个汉字的文本大体分了四个层次：一是这个汉字的出处；二是字形演变的部分（按照甲骨文→金文→小篆→楷书的脉络）；三是解释词义；四是这个字在古代典籍中的应用（图1.41）。

（a）目录反映了文字的变迁

（b）开合之间，让阅读变得生动、有趣

图1.41 《这个字，原来是这个意思》的设计

尹琳琳说："在原本已经比较清晰的文本的基础上又做了几个工作：一是在展示不同时期字形变化的同时把描述字义变化的文本单独提取出来，与字形变化对照展示；二是把这个字出现的典籍名称提取出来，更方便读者比对这个字是怎么产生的，了解它当时所表达的含义以及隐藏在背后的古代不同时期的生活和礼仪是什么样的；三是我根据《说文解字》中的小篆字形，重新将文字'逆向化'为图像，绘制了100个'象形汉字'，让读者一眼即可知每一个字象形何物；四是通过长短页翻动的顺序和节奏，对文本先后读取顺序和阅读动线的设计调整；五是目录和导读功

BINDING

DESIGN
AND
PRACTICE

能的设计考虑。"

"设计是从书名开始的，'原来'是这个意思，相对应的就是'后来'，从'原来'到'后来'这是时间上的变化。如何在一个空间结构里表现时间的变化，时间的流转，这是我思考的问题。我觉得空间的扭曲就像折纸游戏，所以确定了用空间折叠表现时间流转。封面上，我设计了8组折叠页，分别排列8组汉字，8组汉字'显露'和'隐藏'相对应，'显露'的空间上排列100个简体汉字。这样第一眼看上去很现代、简约，就是'后来'，但当你翻开封面一道道隐藏的折页，100个烫金篆体汉字就渐次展露出来，就是'原来'，等到8道折页都翻开，100个金色汉字就反转了时间。我是希望表现这种戏剧化。内页用一黑一白延续这个矛盾冲突，阅读过程中，一开一合之间，仿佛在古今之间来回穿越。"

1.4 课题实训

1.4.1 思考与练习

（1）请谈谈文字与书籍的联系，书籍与人类文明的联系。并尝试用文字的变化来设计封面。

（2）怎样理解书籍装帧设计的整体价值，整体价值观对设计人员提出了哪些新的要求。

（3）谈谈市场需求与书籍装帧设计的关联，以及商业意识在书籍装帧设计中的作用。

（4）联系本课题所讲的内容，收集身边的书籍并仔细观察、细致分析，并谈谈个人对书籍装帧设计的体会。

（5）为什么说书籍是有生命、会呼吸、带情感的?

（6）谈谈你是怎样理解现代书籍设计的含义的。传统纸面书籍与现代电子载体的电子书有何异同?

1.4.2 实训练习

1.4.2.1 实训内容

学生选择自己喜欢的图书1部，熟悉其内容，提炼书的风格特点。从文化内涵、艺术品位、个性特征以及读者的层次、爱好、知识水平等方面分析其装帧设计，形成书面报告并制作成PPT文件。

1.4.2.2 实训目标

学生通过收集和分析国内外知名设计师的书籍装帧设计作品，对书籍设计有一个概括性、感性的了解，提高审美鉴赏力和商业意识，为后续学习、培养设计思维奠定认知基础。

1.4.2.3 实训技能

（1）掌握案例收集的方法。

（2）具备用图文表达案例分析的能力。

（3）掌握设计制作调查问卷和开展问卷调查的方法（限于校内学生之间，问卷调查人数不少于50人）。

1.4.2.4 实训程序

（1）配备数码相机、专业插图本等工具，组织学生收集资料，并形成图文并茂的分析报告。

（2）学生制作PPT，并依次分析优秀书籍设计案例。要求学生在PPT文件中结合图片资料，就书籍装帧设计的基本概念进行叙述、讨论、归纳与总结。

1.4.3 实训考评

以课题目标为重点，以学生制作的PPT为依据，按下表对学生实训情况进行考评。采用百分制，教师评分和学生互评分占比分别为60%和40%。

知识拓展

书籍装帧设计调查问卷

课题1实训评价表

学生姓名：_____   书籍名称：_____   评分教师：_____   评分学生：_____

项次	评价标准	分值	教师评分（60%）	学生评分（40%）	得分
1	对所选择书籍的作者和内容进行说明，叙述表达清晰、有逻辑性	20			
2	能结合书籍的卖点，从书名、出版社、定价、纸张、印数、版次等进行分析	20			
3	能联系书籍装帧设计的"整体观念"，结合书籍结构展开陈述，并提出个人见解	15			
4	能结合书籍装帧设计要点，对书籍进行设计审美的分析	15			
5	说明字体、字号、文字编排、材料、色彩、插图在书籍设计中的作用	15			
6	对书籍装帧设计相关软件运用熟练	15			
合计		100			

课题2 文明的足迹——书籍装帧设计的发展

2.1 课题提要

2.1.1 课题目标

2.1.1.1 思政目标

努力向学，蔚为国用。提升个人的修为、学识，明白书籍设计作品是设计者道德、人品、人格、修养的外在表现。通过对中国书籍和外国书籍形态演变的讲解，使学生充分领会"书卷气"及"书籍之美"理念形成的过程。提高学生在书籍装帧设计中应用传统文化元素的能力，增强学生弘扬传统书籍文化的自觉意识。

2.1.1.2 专业目标

探究书籍装帧设计的源流及来龙去脉，明见书籍设计的发展路径，温故知新、吸收养分、获取经验，并从中领会中外书籍文化的差异和交汇，以顺应书籍装帧设计的未来走向。

2.1.2 课题要求

了解书籍装帧设计的历史演进。熟悉书籍装帧设计的近现代发展历史，把握中外书籍设计的文化要点。

2.1.3 课题重点

书籍装帧设计与文化生活的关联，科技在书籍设计中的作用，中外设计的交融，现代社会对书籍装帧设计的要求。

2.1.4 课题路线

了解中国古代书籍装帧设计的艺术特征及表现→了解中国造纸术和印刷术的发明对书籍装帧艺术的发展起到的作用→了解活字印刷术对书籍装帧设计的影响→了解国际主义设计为主流的多元格局→提前预习下一课题内容。

2.2 课题解读

2.2.1 源远流长的中国书籍装帧设计

中国书籍装帧设计像中国书画艺术一样，强调把"气韵生动"放在重要位置，强调中国书籍装帧设计须有独到的气韵。此外，中国书籍装帧设计强调艺术的社会功能性，把美与"善"紧密地联系在一起，追求形象的"善"的道德意义，使"美善相乐"成为中国书籍设计的重要艺术特征。强调设计者修养的提升以及学识和功力的积累，强调作品是人格的外在表现，注重设计者的品行、学识在书籍装帧设计中的作用。

2.2.1.1 原始时期的设计

中国新石器时代（约公元前4000年）的彩陶上就出现了记事符号（图2.1），它是汉字的原始

微课视频
（思政篇）

努力向学
蔚为国用

微课视频
（专业篇）

文明的足迹
——书籍的
前世今生

课题2课件

形态。原始时期书的承载物是绳、木、竹、陶、甲骨、兽骨、青铜、玉石等材料。从结绳书、图画文书到金文书、石文书，其中的进步是有序和可追述的。从字体的形成和发展上，从文字内容的复杂和意义的深刻上，从承载物的形质上，书籍的发展都清楚地表明了社会在不断地发展进步，技术水平在不断地提高。逐渐成熟的书的内涵越来越丰富，开本、版式也越来越明确，为正规书籍的出现创造了充分的条件。人们从自然界获取现成的物质载体，加工后刻写文字成为原始的书籍形态，其设计形式处在萌芽阶段。

图2.1 二里头出土的夏朝陶器，中间图形为记事符号（王晓固 提供）

2.2.1.2 封建时期的设计

书籍装帧经过初期的漫长发展后，工商业的发展推动书籍装帧设计逐渐步入正轨。学界和业界一般认为中国书籍装帧设计的正规形态是从简策（图2.2）开始的。

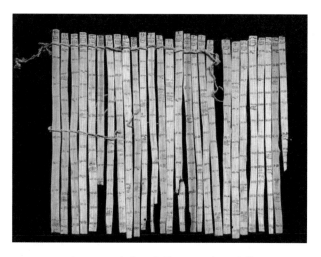

图2.2 具有中国书籍正规形态的简策

中国的造纸术和印刷术的发明对书籍装帧设计的发展起到了极其重要的作用。西汉时期纸的发明确定了书籍的主要载体。唐代初期（公元7世纪）雕版印刷术的发明促成了书籍的成型，这种形式一直延续到现代。印刷术替代了繁重的手工抄写，缩短了书籍的成书周期，大大提高了书籍的品质和数量，促进了知识的传播。毕昇活字印刷术的发明奠定了现代印刷术的基础，成为书

籍史的一个里程碑和书籍艺术新发展的起点。

　　古代的书籍形态主要有简册、金刻、石刻、缣帛、纸书。它们受着材料的制约，材料不同也就产生了不同的装订方法，如卷轴装、旋风装、经折装、蝴蝶装、包背装、线装等。不同的装订方法，也使书籍的装帧形态大相径庭。每次装订方法的更新，都使书籍的装帧形态向前进了一步，并不断地向着册页书的方向发展，趋向于现代书籍装帧形式。

　　1.帛书和卷轴装

　　帛是丝织品，质地轻薄柔软，具有易于书写、绘制图画，可舒卷叠折，便于携带等优点。因此，在简牍大兴的同时，一些有钱人便取帛作书写材料，形成帛书（图2.3）。

　　帛书的主要形态呈卷状，类似简策的简。帛是很贵重的物品，当纸张出现以后，便宜的纸便成为普遍的书写材料，代替了帛。

　　卷轴装（图2.4）有三个主要部分，即卷、轴、带；两个次要部分，即签、帙。卷，即纸（帛）卷本身。轴，多为木制的圆棒，略长于卷的宽度，两头露出卷外，以便舒卷。有些制作考究的，还在木棒两端镶以各种贵重材料（如象牙、金或玉石等），免于卷的头尾磨损。常用绢、罗、绵等物品裱在卷的左右两端（称包首）。带，是附在镖头上的一种丝织品，作为缚扎用。有时在卷轴的下端再系上一小块牌子，书写上书名、卷次，作识别用，谓之签。

图2.3　西汉马王堆出土的帛书

图2.4　卷轴装帛书

卷轴的装帧形式应用时间最久，它始于周，盛行于隋唐，一直沿用至今。卷轴装书籍形式的应用，使文字与版式更加规范化，行列有序。与简策相比，卷轴装舒展自如，可以根据文字的多少随时裁取，更加方便，一纸写完可以加纸续写，也可把几张纸粘在一起，成为一卷。

2.经折装和旋风装

经折装是在卷轴装的基础上改造而来的。随着社会的发展和人们阅读需求的增多，卷轴装的弊端逐渐暴露出来——需要查阅中间某段内容，也必须从头展开，颇为不便。当时雕版印刷术已经发明，由于版面尺寸的限制，书籍的页面更没有必要延伸得那么长了。于是有人把一个长卷的纸反复折成几寸宽的折，首尾粘在厚纸板上，有时再加上织物或色纸作为封面，一本经折装书就算制作完成了。此种类型的书最初是由佛教徒制作的，写的是经文，又是采用折叠的方式，所以叫经折装书（图2.5）。

旋风装实际上是经折装的变形。它是由一张大纸对折起来，一半粘在书的最前页，另一半从书的右边包到背面，粘在末页而制成的。如果从第一页翻起，一直翻到最后，仍可翻回到第一页，回环往复，不会间断，因此而得名（图2.6）。

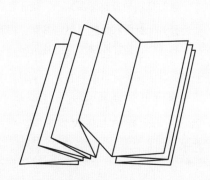

图2.5 经折装

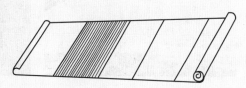

图2.6 旋风装

3.蝴蝶装、包背装、线装

唐、五代时期，雕版印刷已经盛行，而且印刷的数量相当大，以往的书籍装帧形式已难以适应飞速发展的印刷业。旋风书装的书页折叠处容易磨损、断裂，断裂之后就出现了散页的情况。这样的书很难翻看和保存，蝴蝶装便应运而生。蝴蝶装是随着雕版印刷技术的发明而产生的，就是将印有文字的纸面朝里对折，再以中缝为准，把所有页码对齐，用糨糊粘贴在另一包背纸上，然后裁齐成书。从外表看，蝴蝶装的书籍很像现在的平装书或简装书，书页向两边展开，仿佛展翅飞翔的蝴蝶，故称"蝴蝶装"（图2.7）。这是册页书籍的最初形式。它起始于唐代，盛行于宋代，至元代逐渐为包背装所替代。

在阅读时，蝴蝶装常出现空白的反页，必须连翻两页，才能继续读下去，不够方便，于是逐渐发展出了包背装的装订形式。包背装始于南宋，盛行于明代。明代《永乐大典》和清代《四库全书》都采用这种装订形式（图2.8）。与蝴蝶装的方法相反，包背装把有字的书页正折，版心朝外，单口向里，将穿孔用纸捻订好，再在外面加上封面，连书脊包起。这样翻开之后就都是有字的书页，可以逐页读去，不会间断，免除了蝴蝶装的缺点（图2.9）。这种装订方法已经接近现在的平装书籍。

线装是从包背装发展来的，始于明代中期，到了清代达到它的鼎盛时期。它不用整纸裹书，前后分开为封面和封底，不包书脊，用刀将上下及书脊切齐，打孔穿线，订成一册。线装书因要打孔穿线，故得此名。一般的书用四眼订法，较大的也有用六眼订和八眼订的。讲究的书有绫绢包角，用以保护订口上下的书角（图2.10）。

线装书的结构分为封面、护页、书名页、序、凡例、目录、正文、附录、跋或后记，与现在的书籍大体相同。线装书的装帧结构如图2.11所示；装订流程如图2.12所示。

图2.7　蝴蝶装（朱瑞波 提供）

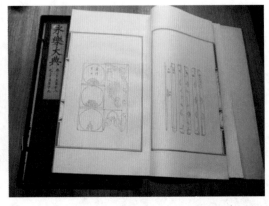

图2.8　包背装（王晓囿 提供）

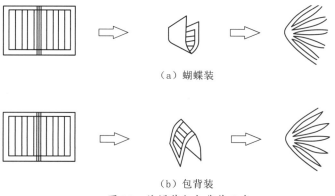

（a）蝴蝶装

（b）包背装

图 2.9 蝴蝶装与包背装示意

图 2.10 线装书（吴铁 提供）

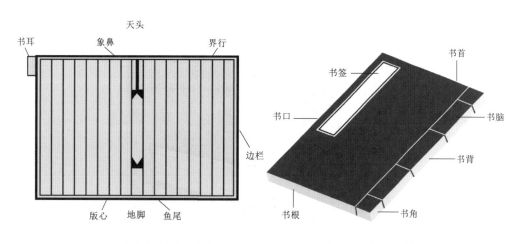

（a）线装书单页版式结构 （b）线装书外形结构

图 2.11 线装书装帧结构图（王晓固 绘制）

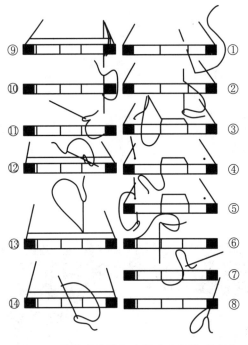

图 2.12　线装书的装订流程（王晓固　绘制）

　　线装书颇多考究。单就书皮来说，除一般用磁青或黄色纸外，还有用布的，或用蓝绫、蓝绢、黄绫面的，再贴上印好的书名签。一些梵本经典的外表与护函往往用五彩绣金的各种织锦或缂丝，色泽鲜艳，加上珊瑚、象牙、碧玉、白玉的别扣，豪华美观，成为一种珍贵的艺术品。

　　蝴蝶装和线装的封面都是软面的，只能平放，不能直立，插架和携带都不方便，所以有些书籍又加书套或书函（图2.13）。函、套用来装书籍，材料用硬纸板或木材，有书套、纸盒、夹板、木盒等形式。

图 2.13　精制线装书

2.2.2　形式丰富的国外书籍装帧设计

2.2.2.1　原始书籍形态

1.纸莎草书

公元前3000年，埃及人发明了象形文字，并用修剪过的芦苇笔将象形文字写在尼罗河流域湿地生产的纸莎草纸上，呈卷轴状态。纸卷在木头或者象牙棒上，平均六七米长，最长能够达到45米左右，这也是目前已知的书的古老形态之一。纸莎草纸未经化学处理，因此有着怕潮虫啃咬、不宜长期保存的弊端。当时这种纸在古地中海沿岸广泛使用了约4000年（图2.14）。

2.泥版书

公元前3000年左右，从外部迁移到伊拉克南部干旱少雨地区的苏美尔人利用河水灌溉农田，在生产中发明了世界上最早的文字之一——楔形文字。楔形文字用一种楔形的尖棒在泥版上刻写字迹，待泥版干燥窑烧后形成坚硬的字版，装入皮袋或者箱中组合，这就成为厚厚的能一页一页重合起来的泥版书（图2.15）。

图2.14　纸莎草书（赵丽　提供）　　　图2.15　泥版书（朱瑞波　提供）

3.蜡版书

公元前2000多年，罗马人发明了蜡版书（图2.16）。蜡版书是在书本大小的木板中间，开出一块长方形的宽槽，在槽内填上黄黑色的蜡。书写时用一种铁制的尖笔，它一头是尖的，另一头是圆的，尖的一头用来在蜡版上刻字，圆的一端用来磨去写错的字。在木板上下各有一个小孔，通过小孔穿线将多块小木板系牢，这就形成了书的形式。为了防止字迹磨损，蜡版书的最前和最后一块木板不填充蜡，功能近似今天的封面和封底。在几个世纪里，学生们往往都在腰间系着一块蜡版，方便之处是蜡版可以擦了用，用后擦，反复使用；缺点是不能遇到火，一遇高温就会像黄油一般融化。

4.贝叶书

贝叶是贝多罗树的叶子，在这种叶片上写的书称为"贝叶书"。在印度、缅甸佛教圣地寺庙或图书馆里都完好地保存着许多古老的贝叶书，它的装帧形式颇像中国汉代的竹简书，用细绳一片片穿成（图2.17）。贝叶书刻写时必须用特制的铁笔用力均匀地刻写，刻写好后在贝叶上抹上煤油字迹才会显现，装订成书时要磨光书边，然后用两片薄木板夹住贝叶当作封面和封底。数千年前，历代各种佛教经文和皇宫内文献资料档案，大都用此奇特的书写形式。

图2.16 蜡版书（朱瑞波 提供）

图2.17 贝叶书（朱瑞波 提供）

2.2.2.2 册籍的诞生

纸莎草纸最初产地仅限于埃及北部地区的尼罗河谷地。395年，罗马帝国分裂为西罗马和东罗马，埃及归于东罗马拜占庭帝国管辖，纸莎草纸出口价格暴涨，纸莎草纸向西欧地区的供应受到了极大影响。由于得不到纸莎草纸供应，纸张的价格暴涨，西欧逐渐开始放弃使用纸莎草纸，转而全面使用可以就地取材的羊皮纸。5世纪，纸莎草纸文献从西欧消失。到了拜占庭帝国后期，由于对埃及的控制减弱，拜占庭自身也无法从埃及获得足够的纸莎草纸。在阿拉伯占领埃及之后，纸莎草纸的来源被彻底切断，欧洲彻底被迫全面使用羊皮纸（图2.18）。

图2.18 用于书写的羊皮纸（吴铁 提供）

羊皮纸呈半透明状，是用山羊、绵羊的皮经过浸泡、软化、上粉、打磨等工序制作而成。书写用手抄方式，抄写者用扁头的笔抄写经文或法典。羊皮纸的试制成功给欧洲的书籍形式带来了巨大的变化，由卷轴式改变为册页式，页码平放装订，改变了以前保存与阅读困难的情况，同时书籍也出现了大写首字母的体例，出现了与内容密切相关的插图。

在整体布局上，中世纪书籍的书页呈长方形，文字采用方形拉斯提克体，插图往往采用红色边框，宽度与文字部分相同，工整地排在文字的上方。中世纪的书籍设计具有强烈的装饰性，色彩绚丽，往往把首写字母装饰得非常华贵。书籍的插图都是图案式的，插图被比较宽阔的装饰花边环绕，每一页都是一件独立的艺术品。789年，国王查理曼（法兰克王国的国王，罗马帝国的奠基人，被后世尊称为"欧洲之父"）发布命令，努力统一整个欧洲书籍的版面标准、字体标准、装饰标准。从而使书籍抄本具有强烈的装饰性，插图装饰复杂，书页四周用华贵的阿拉伯风格图案花边装饰。945年，欧洲出现了完全以图案为中心的装饰扉页，扉页采用非常工整的几何图案布局，色彩绚丽。至中世纪晚期，宗教读物手抄本盛行，书籍传播在此时达到一个高峰，读者的范围扩大，手抄本的标准化成为重要的问题之一。插图往往以比较工整的方形安排在每页的上半部分，下半部分则是文字，文字的头尾以比较花哨的笔画装饰，风格古朴。

2.2.2.3 金属活字印刷术

1439—1440年，德国人古登堡采用铅为材料，铸造字模，利用金属字模进行印刷，这是最早的凸版印刷试验（图2.19）。在以后的试验中，古登堡改变了印刷的材料，采用亚麻仁油，混合灯烟的黑灰，制成黑色油墨，再用皮革球沾上油墨涂到金属印刷平面上，取得均匀印刷的效果。这个时期最有价值的是1568年出版的由安曼设计插图的书籍——《各行各业手册》。在这本书上有8张图片是介绍当时的印刷业的工作情况的，包括造纸、铸造活字、排版、修版、印刷、装订，等等。这些插图是用木刻制作的，黑白线条非常清晰。这时期从印刷所出来的书并没有最后完成，还要靠手工绘制上装饰首写字母、框饰、插图，并加上标点符号。此时的书籍通常以单页形式出售，读者可以根据自己的喜好进行装订。

图2.19 古登堡发明的铅字印刷机

2.2.2.4 文艺复兴时期的书籍设计

文艺复兴时期在平面设计上的一个重大的进展就是版面设计逐步取代了旧式的木刻制作和木版印刷。金属活字的出现，使得文字和插图可以进行比较灵活的拼合，插图也逐渐从单纯的木刻发展到金属腐蚀版，这就是现代意义上的"排版"。欧洲最早的利用排版方式设计、带有插图的书籍出现于15世纪中期的德国。15世纪末，德国城市纽伦堡成为欧洲最重要的印刷工业中心。1498年，丢勒为《启示录》一书作了15张极其精美的木刻插图，描绘生动，线条丰富，黑白处理得当，构图紧凑，成为这个时期德国艺术登峰造极的代表作（图2.20）。

图2.20 《启示录》中的木刻插图，风格自成一体且非常细腻和生动

图2.21 洛可可时期的书籍，装帧设计奢华精致（朱瑞波 提供）

科学书籍和宗教书籍同时盛行是文艺复兴时期出版业的特点。这个时期的书籍（抄本）都广泛地采用卷草花卉图案，文字外部全部用这类图案环绕。玛努提斯是意大利文艺复兴时期印刷和平面设计的重要代表人物，他的书籍设计很少使用插图，主要集中于文字的编排，比较讲究工整、简洁，首写字母的装饰主要采用卷草环绕的方式。

2.2.2.5　17—18世纪的书籍设计

17世纪的书籍出版基本上基于商业目的，讲究实用功能。西方的第一份印刷报纸是1609年在法国斯特拉斯堡发刊的，这是平面设计上的一个重要的突破。与此同时，荷兰的印刷业也有一定程度的发展。在发行报纸的同时，杂志也陆续出现。世界上最早的杂志是创刊于1731年的英国杂志《绅士杂志》。10年后，美国的费城有两种杂志创刊。1830年，海尔夫人在费城创办《哥台妇女书》杂志，成为美国妇女杂志的先驱。在此杂志出版前，1741年美国出版过两本杂志——《美国杂志》《大众杂志和历史记事》，开创了杂志的新纪元。

至18世纪，不少欧洲国家的君主对印刷的意义和重要性有了深刻的认识，因而促进了国家和民间印刷业的发展，促进了书籍设计的发展。其中最为突出的是法国洛可可时期的书籍设计。洛可可风格盛行于1720—1770年的法国宫廷。这种风格强调浪漫情调，从自然形态、东方装饰、中世纪和古典时期的装饰风格之中吸取养分，大量采用淡雅的色彩，也大量使用金色和象牙白色，设计上往往采用非对称的排列方法（图2.21）。

18世纪的欧洲印刷业在字体的尺寸上是相当混乱的，除了皇家印刷厂有自己的标准外，几乎每家私人印刷厂都有自己的字体尺寸，大小不一，没有统一的标准。1737年，《比例表格》的出版对字体的大小尺寸和比例作了严格的规范。在字体设计方面，英国著名的字体设计师卡斯隆于1720年开始从事字体的设计和铸造，并设计出"卡斯隆"体系，为英国的书籍设计做出了巨大的贡献。

2.2.2.6　19世纪至今的书籍设计

欧洲工业革命以后，印刷技术得到革命性的发展，1928年，伦敦出版了专业的书籍设计杂志，公开倡导书籍艺术之美的设计理念，向世界展示书籍设计艺术的进展情况。艺术家分别发表他们的艺术主张和流派宣言，组成各种俱乐部。成员不仅仅局限于美术家领域，还广泛联系其他领域的诗人、作家、音乐家，并与之交流，使书籍设计艺术越发活跃繁荣起来。其代表人物是英国设计家威廉·莫里斯，他领导了英国"工艺美术运动"，开创了"书籍之美"的理念，推动了革新书籍设计艺术的风潮，被誉为现代书籍艺术的开拓者。莫里斯十分注重书籍设计，他主张从植物纹样和东方艺术中汲取营养，他一生共制作了52种66卷精美的书籍。书籍设计十分优雅，简洁美观，且讲究工艺技巧，制作严谨（图2.22）。莫里斯的努力唤醒了各国提高书籍艺术质量的责任感，刺激了其他国家在类似途径上的探索。

图2.22　威廉·莫里斯设计的书籍封面

1.新艺术运动

新艺术运动是19世纪末20世纪初在欧洲和美国产生并发展的一次影响深远的装饰艺术运动，是传统设计与现代设计之间的重要阶段。新艺术运动以自然风格作为自身发展的依据，这种风格设计作品的重要特点就是充满了有活力的波浪形和流动的线条。新艺术运动在德国被称为青年风格，在书籍设计方面取得了很多成果。其中，最具有代表性的人物是彼得·贝伦斯（图2.23），他设计的一种新颖字体使当时德国杂乱无章的书籍

图2.23　彼得·贝伦斯设计的书籍封面

图2.24 菲利波·托马索·马里内蒂的
版面设计

版面有了很大的改善。

2.未来主义

未来主义的代表人物是意大利诗人菲利波·托马索·马里内蒂。他在1909年向全世界发表了《未来主义宣言》，这个宣言以浮夸的文辞宣告过去艺术的终点和未来艺术的诞生。未来主义的版面设计强调表现情感的爆发和飞速运动的力度，为了达到强烈的效果，应用了无规则的构图和狂乱的线条。它将书籍设计的版式从陈旧的编排控制下解脱出来，创造了自由自在、无拘无束的版面风格（图2.24）。未来主义对传统的版面设计进行了猛烈的抨击，开启了现代自由版式的先河。

3.构成主义

构成主义是兴起于俄国的艺术运动，又名结构主义。它是一种充满理性和逻辑性的艺术，讲究组合变化。构成主义广泛采用书籍这种媒介来宣传国家的革命意识形态。李西斯基是构成主义的代表人物，他的设计风格简单、明确，采用简明扼要的纵横版面编排为基础。李西斯基的书籍设计呈现出明显的构成主义风格，每一页的版式在编排上力求协调统一，使读者能够轻松地阅读（图2.25、图2.26）。

图2.25 构成主义设计示例（一）

图2.26 构成主义设计示例（二）

2.2.3 中国近现代书籍设计的历程

2.2.3.1 "五四"运动时期

　　19世纪末，西方印刷术的传入，先进的金属凸版技术和石板印刷技术逐渐代替了雕版印刷，产生了以工业技术为基础的装订工艺，书籍装帧形式逐渐脱离传统的线装形式趋向于现代的铅印平装形式。鲁迅是中国现代书籍艺术的倡导者。他积极介绍国外的书籍艺术，提倡新兴木刻运动，为中国现代书籍设计的发展奠定了坚实的基础。他亲身实践，动手设计了数十种书刊封面，如《呐喊》《引玉集》《华盖集》等。同时，他还引导了一批青年画家大胆创作，并在理论方面有所建树。除封面外，鲁迅先生对版面、插图、字体、纸张和装订也有严格的要求。

　　鲁迅先生不但对中国传统书籍装帧有精深的研究，同时也注意汲取国外的先进经验，因此，他设计的作品具有民族特色与时代风格相结合的特点。他非常尊重画家的个人创造和个人风格，在封面设计中，鲁迅不赞成图解式的创作方法，他请陶元庆设计《坟》的封面时强调书籍装帧是独立的一门绘画艺术，应承认它的装饰作用，认为不必勉强其配合书籍的内容。此外，他反对书版格式排得过满过挤，不留一点空间。在鲁迅先生的影响下，涌现出如陶元庆、丰子恺、司徒乔、陈之佛、钱君匋、张光宇、庞熏琴等一大批学贯中西、极富文化素养的书籍设计艺术家。他们的研究与探索都为我国的书籍装帧事业做出了巨大的贡献。这其中首推陶元庆，他早年留学日本，精于国画，对西洋画也颇有研究。其封面作品构图新颖、色彩明快，颇具形式美感。鲁迅的不少作品如《朝花夕拾》《彷徨》《坟》《出了象牙之塔》等封面均出自陶元庆之手（图2.27、图2.28）。丰子恺先生以漫画制作封面堪称首创，而且一以贯之，影响深远（图2.29）。陈之佛先生

图2.27 《朝花夕拾》封面设计色彩甜美、极富意趣

图2.28 《彷徨》封面设计色彩对比强烈、造型洗练，通过人物头部的上扬与低垂，表达出犹疑和探索的状态

图2.29 丰子恺先生的设计质朴、自然、天真，气韵生动，有一气呵成之感

坚持采用近代几何图案和古典工艺图案，形成了独特的艺术风格，为《东方杂志》《小说月报》《文学》等设计了装饰性极强的封面。钱君匋先生身兼书法篆刻家与出版家，认为书籍装帧的现代化是不可避免的，他尝试过各种绘画流派的创作方法，其装帧设计作品呈现出清雅的艺术气质和丰富的装饰语言，其作品多达4000余件。

除了画家们的努力以外，作家们直接参与书刊的设计也是这一时期的一大特色。闻一多、叶灵凤、倪贻德、沈从文、胡风、巴金、艾青、卞之琳、萧红等都设计过封面。其中不少作家利用名章或书法艺术装帧书衣，书籍封面均应用了西方的先进印刷技术，为中国印刷业的发展做了很好的铺垫。

1919年"五四"运动前后，新文化运动蓬勃发展，书籍设计艺术也进入一个新的局面，打破了陈规陋习，从技术到艺术形式都为新文化运动书籍的内容服务，具有现代革新意义。从"五四"运动到"七七"事变的这段时期，书籍封面设计具有独特的中国风格，体现出中国书画艺术对书籍设计的影响。

2.2.3.2 抗日战争至20世纪60年代初

抗日战争爆发以后，随着战时形势的变化，全国形成国统区、解放区和沦陷区三大地域。三大地域的印刷条件都比较困难，最艰苦的是被国民党和日伪严密封锁的解放区。解放区的出版物，有的甚至一本书由几种杂色纸印成。大西南的国统区也只能以土纸印书，没有条件以铜版、锌版来印制封面，画家只好自绘、木刻，或由刻字工人刻成木版上机印刷，这样印出来的书衣倒有原拓套色木刻的效果，形成一种朴素的原始美。相对来说，沦陷区的条件稍好，但自太平洋战争爆发到日本投降前夕，物资奇缺，上海、北平印书也只能用土纸，白报纸成为罕见的奢侈品。抗日战争胜利后，书籍装帧艺术又有新的发展，以钱君匋、丁聪、曹辛之等人的成就最为显著。老画家张光宇、叶浅予、池宁、黄永玉等也多有创作。丁聪的装饰画以人物见长，曹辛之则以隽逸典雅的抒情风格吸引了读者。中华人民共和国成立后，出版事业飞速发展，印刷技术、工艺进步，为书籍装帧艺术的发展和提高开拓了广阔的前景，中国的书籍装帧艺术呈现出多种形式、风格并存的格局。

2.2.3.3 20世纪60年代中期至80年代末期

"文化大革命"期间，书籍装帧艺术的发展遭受了劫难，"一片红"成了当时的主要形式。70年代后期，书籍装帧艺术的发展才得以复苏。进入80年代，改革开放政策极大地推动了装帧艺术的发展。随着现代设计观念、现代科技的积极介入，中国书籍装帧艺术更加趋向个性鲜明、锐意求新的国际设计水准。

改革开放后，西方先进的设计理念和设计形式为我国装帧业开辟新的道路提供了参考，装帧界曾一度如饥似渴地汲取国外现代设计成果的新鲜营养，在此期间，参考和模仿相当普遍，抄袭现象亦在所难免。20世纪80年代以来，装帧设计领域和其他设计领域一样，受到新媒介、新技术的挑战，发生了急剧的变化，计算机技术迅速地介入设计过程，取代了从前的手工设计劳动。

商业化浪潮促使市场出现了大量书籍设计作品，其中不乏平庸、媚俗之作，但正是在这种装帧设计得到充分发展的条件下，才使一部分设计师重新思考书籍设计的任务问题。

2.2.3.4 20世纪90年代至今

20世纪90年代，印刷术得到进一步发展，同时电子技术的发展应用也使设计发生了很大的变化。技术的发展一方面刺激了国际主义设计的垄断性发展，另一方面也促进了各个国家和各个民族的设计文化的综合和混合，东方和西方的设计文化通过频繁密切的交往，日益得到交融。因此，国际主义设计成为主流，同时也潜伏了民族文化发展的可能性和机会。这种情况下，自然造成设计上一方面向国际主义化发展，而另一方面又多元化发展的局面。设计在新的交流前提下出现了统一中的变化，产生了设计在基本视觉传达良好的情况下的多元化发展局面，个人风格的发展并没有因为国际交流的增加而减弱或者消失，而是在新的情况下以新的面貌得到发展。

2.2.4 高科技下的现代设计

书籍装帧设计的表现特征是与时代相同步的，探索从传统到现代以至未来的书籍形态，是现代书籍装帧设计的新课题，也是现代书籍装帧设计艺术的重要特征。书籍的个性设计，首先需要提及的是媒介和各种手段的运用。抛弃单一的纯电脑制作，而尝试体验相机、复印机、扫描仪、手绘等各种呈现方式，书籍的形态可以彻底脱离纸张的约束，以玻璃、金属、木头等材料为介质来设计。这些媒介的运用往往会出现出人意料的效果，是增强作品个性的可选手段。

2.2.4.1 设计观念更新

书籍的设计不是封面的简单装饰，而是一系列工艺实践活动的组合，是一项整体设计。现代设计师提出"书籍形态学"的观念，指出书籍形态学是设计师对主体感性的萌生、悟性的理解、知性的整理、周密的计算、精心的策划、节奏的把握、工艺的运筹……一系列有条理有秩序的整体构建。书籍形态的塑造，是著作者、出版者、编辑、设计者和印刷装订者共同完成的系统工程，也是书籍艺术所面临的诸如更新观念，探索从传统到现代以至未来书籍构成的外在与内在、宏观与微观等一系列的新课题。所以说书籍的整体效果十分重要，书籍是立体的，当拿起书籍，手触目视心读，上下左右，前后翻转，书与人之间产生具有动感的交流。因此，书籍设计不能只顾书的表皮，还要赋予包含时空的四次元全方位整体形态的贯穿、渗透，这已是当今书籍设计的基本要求。

2.2.4.2 设计地位提高

现代书籍设计观念已极大地提高了书籍设计的文化含量，充分地扩展了书籍设计的空间。书籍设计由此也从单向性向多向性发展，书籍的功能也由此产生巨大的转变：由单向性知识传递的平面结构，向知识的横向、纵向、多方位的漫反射式的多元传播结构转变。书作为一个整体，书稿内容是最重要的文化主体，故称之为第一文化主体，而书籍设计则成为书的第二文化主体。一本书的装帧虽受制于书的内容，但绝非狭隘的文字解说或简单的外表包装，设计者应从书中解读作者的意图，挖掘深层内涵，把握主题旋律，铺垫节奏起伏，理性设置表达全书内涵的各

类要素：严谨的文字排列，准确的图像选择，有规矩的构成格式，到位的色彩配置，个性化的纸张运用，毫厘不差的制作工艺……都是书籍设计要考虑的重要因素。书籍设计家张守义先生曾说过，书籍装帧艺术家是与"作家同台演戏"，这一比喻已把书籍设计放到了第二文化主体的位置。

2.2.4.3 倡导回归文化

在吸纳外来设计文化的同时，国内设计界也对设计泛化倾向进行了思考，设计师们在反思过程中意识到设计中运用民族视觉元素和文字的重要性。现代书籍形态设计强调民族性和传统特色，但并不是要简单地复制传统要素，而是要创造性地再现它们，使之有效地转化为现代人的表现性符号。设计人员必须不断创意求新，形成既有丰富内涵又适应当代市场需求的自身独有的书籍民族语言风格。

2.2.4.4 体现秩序之美

在书籍设计中，所谓秩序之美，不仅指的是各表现性要素共居于一个形态结构中，更指的是这个结构具有美的表现力。纷乱无序的文字、杂乱无章的图像等通过和谐的布局能产生超越知识信息的美感，这便是秩序之美。和绘画的感性美不同，这种美是经过精心设计的和谐的秩序所产生的美。同时，设计者要为广大读者服务，不能一味地添加装饰物，无休止地提高制作成本。书籍设计应该以可视性、可读性、便利性、愉悦性为设计的基本原则。

2.2.4.5 展现材质工艺之美

书籍不同于虚拟的数字符号，它是实实在在的物化读品，因此，设计人员要充分考虑书籍设计与制作的整体加工工艺，并了解各种材质尤其是纸质材料的特性。不同的纸质材料体现出各自的自然之美，通过肌理、色彩等传达出书籍的材质美感，可以增加读者观看、触摸、翻阅时的文化感受，进而形成独特的语言和意味。现代高科技、高工艺是创造书籍新形态的重要保证，因此，设计者必须了解和把握制作书籍的工艺流程。现代书籍设计认为工艺流程不仅构成其工学实践的一个重要环节，而且也构成书籍形态之美的一个方面。高工艺、高技术在这里已升华到审美层次，成为书籍形态创造中的一个具有特殊表现力的语言，它可以有效地延伸和扩展设计者的艺术构思、形状创造以及审美趣味。

2.2.4.6 传达情感之美

书籍设计也是以"人本化"的典型内涵走进读者内心，让他们参与或者分享书刊的情感理解，从而建立与读者之间的情感纽带。

"动人者莫过于情。"人类的基本情感是建立在爱的基础之上的，爱是人类永恒的主题，它反映着人对外部世界的对象和现象的主观态度。情感是艺术设计的内在推动力，是设计的触发点和突破口，如符号论美学的代表人物苏珊·朗格就把设计艺术定义为"人类情感的符号形式的创造"，她说："一切艺术设计都是创造出来的表现人类情感的知觉形式。"设计者可以充分调用各种设计手段去调配情感，强调事物的特征，以有力的表达情感。人类的基本情感是建立在爱的基础之上的，爱是人类永恒的情感主题，也是书籍设计的永恒主题，亲情、爱情、友情、乡情是人类的基本情感。亲情是类的血脉之爱，源自于家庭和家族之间共生和繁衍的关系，由此延伸的成长、快乐、关切、思念、牵挂，等等。爱情即男女之间彼此爱慕而产生的纯洁、真挚的情感，包括期待、焦灼、幸福、愉悦、思念、欢乐、忧伤、仇恨等多种复杂的情趣。爱情的外延是极其广泛的，并给书籍设计提供了广阔的发挥空间。乡情是人们对长期居住环境中人和物的特殊情感，是人类心灵深处泛起的回忆和联想。故乡与童年常常代表着人生经历中最美好的事物和情感，思乡与怀旧是大部分成年人偶尔都会泛起的情怀，包括与对故乡景物、人物、往事的追忆，等等。日常生活中也蕴含着丰富的情趣，如好奇心与好奇心的满足、享受悠闲、制造幽默与欣赏幽默等，它们虽然不是情感，但是可以唤起积极的心理感受。书籍装帧设计的过程，就是不断挖掘和触及情感的深处，以激发和唤起读者与作者的情感共鸣。

2.2.4.7　以书籍的"五感"为设计起点

艺术家杉浦康平先生说："书籍五感是设计思考的起始点。""五感"意识是书籍设计人员进行书籍构想的开端、想象的起点。一册书本拿在手中，人们通过翻阅、纸张的触摸，视、触、嗅、听、味五感油然而生。从读者的角度来看，在阅读中享受着眼、手、鼻、耳等各种感官的体验，从中获得人所需要的真实存在感和心理上的满足感。比如利用双目视差原理设计的三维阅读书籍，由二维视像引发三维空间实感，从视觉体验到触觉体验，引发读者的触摸欲望，使人享受视幻觉带来的奇妙感受，获得心理上的愉悦，并得到启示，产生联想。对于设计者来说，书籍设计已经远非对书籍外表的装扮加工，而是带着书籍"五感"的设计意识开拓创意思维并全身心投入的设计过程。设计者将自己的设计理念贯穿始终，参与到书籍整体设计的各个环节，进行选题、策划，文本信息构成、文字、图版格局的经营，以及材料工艺选择、书籍形态的创想等各项设计工作，真正成为书籍文本的第二作者。

注入"五感"意识的书籍能够引导读者进行参与性的阅读，增添读者的阅读兴趣，提高书籍感染力。读者先被实体书吸引，拿起书感受它的重量，翻阅书、触摸不同质感的纸张，听到具有节奏的音乐……从这个角度来看，书不是平面的，它是多角度、全方位、立体的艺术聚合体。人们在阅读时兴趣盎然，不仅获取信息，而且得到情感上的满足和精神上的愉悦。

书籍设计不仅是一种信息传播的载体，更蕴涵了一种独特的文化气韵，承载着丰富灿烂的传统书籍文化，以及本民族特有的书籍美学风格。一些堪称经典的中国传统图书，从书套、封面到零页，无不营造了优雅的阅读意境，传递出色、香、声、味、触五感于一体的阅读乐趣。

2.3　案例解析

2.3.1　吕敬人的书籍设计

1.《朱熹榜书千字文》书籍设计

线装书是中国古代书籍常用的一种装订方法，它的装帧设计是我国一门独特的造型艺术。线

装书不仅装订方便，材料使用丰富多样，而且长期以来通过各种巧妙的装订方式呈现出独有的艺术风格。从历史的演变过程来看，线装书的发展是符合生产规律的，它能够提高生产效率，增加出书率，便于翻阅。线装是中国传统装订史上最为进步的形式，具有典雅的中华民族风格的装帧特征，在国际上享有很高的声誉，是"中国书"的象征。

吕敬人的线装书《朱熹榜书千字文》设计，包含着对中国文化的深层理解和敬畏之心。在这本书的制作设计里，他不仅对线装书的形式运用游刃有余、驾轻就熟，并且特别注重在书籍的纸张、图形及其整个形态中融入中国元素，以现代人的逻辑和审美符号创造性地表达了传统情愫。无论是外形儒雅的封函设计、庄严的如意扣，还是被锁合的两块厚重的木质刻字雕版，都传递出中国活字印刷与文字传播的历史信息，古典意味尤为突出（图2.30）。

图2.30　设计传达出中国活字印刷的鲜活历史信息

2.《黑与白》书籍设计

《黑与白》是一部反映澳洲人寻根的小说，在设计过程中，设计师力图将白人和土著人之间的矛盾用黑与白对比的方式渗透于全书。在封面、封底、书脊、内文版式、天头与地脚甚至切口处都呈现着黑色与白色的冲撞与融合，跳跃的袋鼠、澳洲土著人的图腾纹样的排列变化暗示着种族冲突；黑色与白色的三角形，漂浮波荡、若隐若现的书名标题字的处理，给人在视觉上某种暗示、刺激和缓冲。整个设计不仅形象地表达了原著书稿的内涵，同时给读者提供了一个丰富的再创造和想象空间（图2.31）。

（a）书名标题字的幻化处理，给人以缥缈　　　（b）黑色与白色的三角形贯穿整本书，形象地指引了
　　　不定、紧张与刺激之感　　　　　　　　　　　书籍的主题意旨

图2.31　《黑与白》的设计

2.3.2　朱德庸的书籍设计

我国台湾漫画家朱德庸的书为人们开启了另一扇心灵之窗。朱德庸的漫画系列《粉红涩女郎》《什么事都在发生》《双响炮》等很受读者的欢迎，书中漫画插图简练概括，描摹众生百态，文字睿智诙谐，令人捧腹。

这类新型的流行书籍是将一本书的文字、思想、内容、插图及全书的样式集于一个作家兼画家同时又是设计师的身上，从新的视角看待书籍装帧设计，简单却也赢得了大众市场。对于专业的书籍设计来说，这种非常大众化、低成本的成功中并没有太多的书籍装帧设计的信息可言，然而这简单完美、别具一格的通俗文化中，却也包含着读者看待一本书的形式与功能的立场，与大众艺术的理念有诸多相同之处（图2.32、图2.33）。

2.3.3　潘焰荣的《书之极》书籍设计

《书之极》为收藏家收藏的艺术家手制书合集，是一本厚重、端庄、有历史感的设计作品。设计者潘焰荣以象征书本形态的长方形作为视觉符号，将其贯穿始终。介绍的每本书根据设计的需要，纸张黑白交替，呈阶梯状，产生了独特美感，与书名相呼应。全书图像印制精美，还原度很高，图像的构成配置章法有致，变化细腻又多样。其中特殊部分应用异质纸印刷粘贴，产生瞬间节奏触感，给人以视觉享受。设计编排多处留有黑白全空页，使读者在阅读这本厚书时得到停顿、回味、思考的机会，十分得当而舒适。设计者希望以此使得艺术家手作书能够形成一种场域，在后期书籍的设计中形成一种理性的编排，让读者在阅读时更容易体会到书中的结构关系（图2.34）。

图2.32 大众化的表现手法，使人物形象
谐趣生动，充分反映出普通人的生活状态

图2.33 色彩丰富、对比强烈。人物神态显
露几分俏皮，作者个性特征突出

（a）书中有书，衔接似行云流水，
一书诗意乐章

（b）版面图形精致细微与空白页面形成构图上的失
衡，留给读者用心填写回味

图2.34 《书之极》的设计

　　除此之外，复杂的工艺、品种繁多的纸张、技术难度高的装订技巧等多余的想法都被潘焰荣
抛弃了，因为他觉得书籍内容本身已经足够好："我需要做的只是把它安静地呈现给读者，希望
它能轻松点。"因此整本书的装订使用的是线装的骑订套贴形式，让书口呈现出自然爬坡的形态，
黑白背景下拍摄的书籍就这样交替呈现，产生了独特美感。封面乍看之下只保留了书名，但是覆
盖在书名上的长方形元素，实则象征了书本的形态。书中图像的构成配置也形成了一套章法，比
如文本的编排，多处留有黑白全空页，让读者在阅读期间得到停顿、回想的机会。同时，中英文
均使用了无衬线体，排布协调，最终使得字的体量感得到了统一（图2.35）。

图 2.35 书的形状起到了平衡和丰富构图的作用，使此书的主题得到了升华和强调

2.4 课题实训

2.4.1 思考与练习

（1）中国线装书有哪些价值和意义？

（2）书籍装订形式的变化对书籍设计所起的作用有哪些？

（3）简述中外历史中的主要书籍形式，以及它们在材料、工艺和造型方面的区别。

（4）中西方古代印刷术有哪些不同之处？

（5）请从书籍的历史发展脉络中，总结出书籍装帧设计的发展规律。

（6）简述民族文化在书籍设计中的地位及价值。

2.4.2 实训练习

2.4.2.1 实训内容

（1）了解不同时代背景下的书籍设计形式和风格。

（2）掌握我国线装书结构和装订方式，并进行创新应用。

（3）对选择的书籍进行文化意义上的解读，在此基础上展开书籍装帧艺术创作，使主题内容条理化、逻辑化、审美化。

（4）整理书籍设计相关信息，如开本和尺寸、精装或平装、材料选择与搭配、印刷工艺选择等，分析书籍类别、内容以及读者对象，进一步创造符合书籍表达主题的表现形式和适合阅读功

能要求的新的书籍造型，塑造全新的书籍形态。

本课题实训要求学生在以下2个实训模块中各选择1项任务（即每个学生2项任务）并完成。

实训模块一：

任务1：线装、平装书籍的精制设计。

任务2：概念书籍设计。

实训模块二：

任务1：商业册页设计。

任务2：电子书籍设计。

2.4.2.2 实训目标

对中外书籍发展的历程有系统的认识，熟知书籍的典型装订形式和基本结构，并动手制作线装书籍。

2.4.2.3 实训技能

本课题实训需掌握字体设计、插图设计、版式设计、POP设计相关知识和能力，并熟练使用Photoshop、CorelDraw等设计制作软件。

2.4.2.4 实训程序

（1）对所选书籍进行深刻全面阅读领悟，并从设计角度撰写不少于1000字的读后感。

（2）配置计算机、设计制作软件及绘制草图工具，把所选书籍文字内容输入电脑，以备编排制作。

（3）制作PPT，介绍所选书籍的主题内容、结构、装订、材质等，供同学评议讨论。

（4）根据模块化要求和实训课程进展，对书籍构成予以分解，并与所选书籍进行对比分析，确定书籍整体风格。

（5）由教师和行业专家对学生方案进行综合分析，并确定方案。

知识拓展

《西游记》书籍设计思路

2.4.3 实训考评

学生制作PPT，对所选实训模块任务完成情况进行介绍说明。教师根据实训模块任务要求和课题目标按下表评价标准，对学生实训情况进行评分。

课题2实训评价表

学生姓名：_____　　　　书籍名称：_____　　　　评分教师：_____

项次	评价标准	分值	得分
1	书籍设计的思路清晰明确	25	
2	书籍装订形式及风格特征突出	15	
3	同类书籍定价、市场销售情况等数据完备	15	
4	插图、编排、字体的比较分析清晰到位	15	
5	对文化、情感在书籍中是否有所体现的分析清晰到位	15	
6	对印刷材料、装订方式、工艺的设想具有可操作性	15	
合计		100	

课题3　提纲挈领——书籍的造型设计

3.1　课题提要

3.1.1　课题目标

3.1.1.1　思政目标

欲善为者，事必力行。培养学生推陈出新的创新理念，使之树立将民族传统设计文化传承与设计创新相结合的设计观。

3.1.1.2　专业目标

熟悉中国书籍不同阶段的装订形式和设计方法。掌握传统线装书的现代创新手法。通过讲授、观摩、调研，开启学生对书籍造型的直观体验，递进有序地扩展书籍装帧设计的范围。

3.1.2　课题要求

进入市场调研过程，讲授市场调研的手法技巧，了解市场调研的基本要求，培养学生实地市场调研的能力。要求学生能够将考察和收集的资料进行归类整理，并进行有机的提炼和升华。

3.1.3　课题重点

书籍造型的基本内容。问卷调查表设计与结论分析。

3.1.4　课题路线

了解书籍材质、开本和装订方式→书籍设计市场调研→按照模块要求进入设计制作→提前预习下一课题内容。

3.2　课题解读

专业设计师把书籍造型比喻为"六面体的、盛纳知识的容器"。他们认为："书籍形态的塑造，并非书籍装帧艺术家的专利。它是出版方、编辑、设计者、印刷装订者共同完成的系统工程。"在他们看来，书籍造型是包含"形态"和"神态"在内的二重构造。

书籍装帧设计的造型表现和材料、装订方式等有着直接的联系。不同的设计表现会选择不同的材料，不同的材料会选择不同的印刷方式；而不同的印刷方式也会选择不同的材料，不同的材料也会有不同的设计表现。相同的材料，相同的印刷，如果用不同的油墨也会表现出不同的设计效果。设计者了解设计的材质、装订形式、油墨等相关的知识会对自己的设计表现效果有准确的把握，不会出现自己想要的设计效果和最后印刷出来的作品相差太远的情况。

3.2.1　书籍的材料

3.2.1.1　纸张

1.纸张的种类

（1）胶版纸。胶版纸主要为胶印印刷机或其他印刷机印制高级彩色印刷品时使用，例如，印制单色或多色的书刊封面、正文、插页、画报、地图、招贴、彩色商标和各种包装品等。胶版纸按纸浆料的配比分为特号、1号、2号三种，具有较高的强度和印刷品质。胶版纸有单面和双面之分，并有超级压光与普通压光两个等级。

因为胶版纸的伸缩性小，所以它对油墨的吸收比较均匀；又因为它的平滑度较好，给人的感觉就是质地紧密不透明；白度高，体现在它的抗水性能比较强上。胶版纸在印刷时需要选用结膜型胶印油墨或质量较好的铅印油墨，并且油墨的黏度不宜过高，否则会出现脱粉和拉毛等现象，同时还要防止背面粘脏，一般采用加防脏剂、喷粉或夹衬纸等方法预防胶版纸在印刷时的背面粘脏。

（2）铜版纸。铜版纸是在原纸上涂上一层白色浆料，经过压光而制成，所以它又被称为涂料纸。铜版纸主要用于印刷画册、封面、明信片、精美的样本以及彩色商标等。铜版纸分为单、双面两类，简称为双铜和单铜。因为铜版纸的白度较高，所以纸张表面光滑；又因为纸质纤维分布均匀，所以厚薄一致。铜版纸纸张的伸缩性小，使其拥有较好的弹性和较强的抗水性能，使油墨的吸收性与接收状态能保持较好稳定性。铜版纸印刷时压力不宜过大，要选用胶印树脂型油墨以及亮光油。同时可以采用加防脏剂、喷粉等方法，防止铜版纸在印刷时背面粘脏。

（3）特种纸。特种纸是具有特殊用途的、产量比较小的纸张。特种纸的种类繁多，是各种特殊用途纸或艺术纸的统称。为了简化品种繁多而造成名词混乱的情况，也将压纹纸等艺术纸张统称为特种纸。凸版纸的吸墨性不如新闻纸好，但它具有吸墨均匀的特点，抗水性能及纸张的白度均好于新闻纸。凸版纸还具有质地均匀、不起毛、略有弹性和不透明等特性，稍有抗水性能，有一定的机械强度。

1）新闻纸。新闻纸也叫白报纸，是报刊及杂志的主要用纸，同时它也可作为课本、传单和连环画等正文用纸。新闻纸是以机械木浆（或其他化学浆）为原料生产的，含有大量的木质素，具有可以长期存放、纸张不会发黄变脆、抗水性能好和宜书写等特点。

新闻纸具有纸质轻、弹性好和吸墨性能好的特性，这些特点可以保证油墨能较好地固定在纸面上，同时纸张经过压光后两面平滑，不起毛，这使纸张两面印迹都比较清晰且饱满。新闻纸有一定的机械强度，同时不透明性能还好，非常适合高速轮转机印刷。

2）凸版纸。凸版纸是凸版印刷书籍、杂志时的主要用纸，主要供凸版印刷使用。凸版纸的特性与新闻纸的特性相似，但又不完全相同。由于它的纸浆料配比要优于新闻纸，所以凸版纸的纤维组织比较均匀，同时纤维间的空隙又被一定量的胶料所充填，再经过漂白处理，这使得凸版纸的纸张对印刷具有较好的适应性。

3）字典纸。字典纸是一种高级的薄型书刊用纸，纸薄且强韧耐折，纸面洁白细致，质地紧密平滑，稍微透明，有一定的抗水性能，主要用于印刷字典、辞书、手册、经典书籍及页码较多、要求方便携带的书籍。字典纸对印刷工艺中的压力和墨色有较高的要求，因此印刷时在工艺

上必须特别细致。

4）白卡纸。白卡纸的伸缩性小且韧性较强，所以折叠时不易断裂。白卡纸主要用于印刷包装盒和商品装潢。在书籍装帧设计中，白卡纸常被用作简装书、精装书的里封和精装书的径纸（书脊条）等。

5）瓦楞纸。瓦楞纸是由挂面纸和通过瓦楞辊加工而形成的波形的瓦楞纸黏合而成的板状物。瓦楞纸一般被分为单瓦楞纸板和双瓦楞纸板两类，并且按照瓦楞的尺寸可分为A、B、C、E、F五种类型。

6）牛皮纸。牛皮纸是坚韧耐水的包装用纸，它的颜色呈现为土黄色。因为牛皮纸具有很大的拉力，所以用途很广，日常生活中常被用于制作纸袋、信封、作业本、唱片套、卷宗开口砂纸等。牛皮纸有单光、双光、条纹和无纹4个种类。

2.纸张的重量

纸张的重量用定量和令重来表示。

定量是单位面积纸张的质量，又称克重，单位为g/m^2。如150g的纸是指该种纸每平方米的单张质量为150g。常用的纸张定量有$60g/m^2$、$70g/m^2$、$80g/m^2$、$100g/m^2$、$105g/m^2$、$128g/m^2$、$157g/m^2$、$180g/m^2$、$200g/m^2$、$210g/m^2$、$250g/m^2$、$300g/m^2$、$350g/m^2$等。定量不超过$250g/m^2$的称为纸，大于$250g/m^2$的称为纸板。不同厚度的纸张，印刷同样的版面其印刷效果是不一样的。较厚的纸张印刷质量要优于较薄的纸张。

令重指每令（500张纸为1令）纸的总质量，单位为kg。每张纸的大小为标准规定的尺寸，即全张纸或全开纸。令重根据纸张的定量和幅面尺寸计算，即令重＝纸张的幅面面积×500×定量。

3.印张

印张即印刷用纸的计量单位。一张全开纸有两个印刷面，即正面和反面，规定以一个印刷面为一个印张。一张全开纸两面印刷后就是两个印张。一本16开的书，16页就是一个印张。一本32开的书，32页就是一个印张。16开本的书的总印张数就是全书总面数除以16，32开书的总印张就是全书总面数除以32。

3.2.1.2 其他材料

1.纤维织品类

纤维品类材料主要有棉、丝、麻织品等。一般采用凹印和丝网印。

（1）棉。棉材料做封面古雅端庄，朴素经济，加工易粘连和烫印。其缺点是缩水性比较强。

（2）丝。丝材料做封面质地细腻，古雅朴实，烫印精细，图文清晰，美丽大方，有种古色古香的感觉，多用在高档精装书或豪华书上，但加工要求高，具有不耐酸碱的特性。

（3）麻。麻材料做封面具有表面比较粗糙的特点，多用在大幅面的书籍和画册上。化学纤维如粘纤、涤纶、锦纶等也有在一些书籍封面中采用。

2. 涂布类

涂布类材料主要有漆涂布、树脂涂布等。漆涂布具有坚韧耐磨、尺寸稳定、容易烫印、不怕虫蛀、表面不易沾污的特点。但其漆层会发生老化、变质，出现脱落。树脂涂布具有耐磨、耐热、弹性和强度好、花色品种多、加工方便、价钱便宜、易粘连和烫印的特点，是现在广受欢迎的书籍封面材料之一。

3. 皮革类

皮革类材料主要是牛皮、猪皮、羊皮等，是少量高档书籍才采用的材料。加工比较难，主要采用烫印或镂空的方式来处理。

4. 塑料类

塑料类材料具有一定的强度和弹性，其性能具有抗拉、抗压、抗冲击、抗弯曲、耐折叠、耐摩擦、防潮、气体阻隔、轻便、加工成型简单多样、透明性好、表面光泽好、价格便宜等特点。但易老化、回收有污染，在印刷上有一定的难度，吸油墨性不好，对图片的还原度也不是很好。

此外，书籍制作材料还有木质、金属等。

3.2.2 书籍的开本

在书籍装帧设计中，开本的确定是十分重要的，因为它直接影响到设计意图的贯彻。版心、版面的设计，插图安排和封面构思都必须依据开本的大小而确定开本大小而定。为此，可以把开本确定作为书籍整体设计的第一步，只有在此基础上设计意图才能实现。

确定开本大小必须从实际出发，应综合考虑以下几点。

（1）书籍的内容和性质。经典著作、理论书籍和高等学校的教材，篇幅较多，其开本可以稍大些，大32开或面积近似的开本最合适。小说、传奇、剧本等文艺刊物和一般参考书，通常都可以拿在手中阅读，选用中等的小32开为好。画册或图片较多的书籍开本一般较大，可选用16开或更大一些的开本，这样有利于阅读欣赏。

（2）目标读者群的定位。开本设计要针对不同的阅读空间和不同的读者对象，并要体现出形式美感。恰当的开本设计不仅能使同类书区分开来，而且能使读者眼前一亮，起到引导读者阅读和购买的作用。如儿童读物应以图片为主，文字较大，常用24开本或16开本；中学生、大学生、年轻人学习工作紧张，喜欢利用零碎时间随时阅读，64开本大小、内容丰富的书籍容易在他们之中流行，内容有文学作品、漫画、生活时尚、学习参考等，因便于携带，称为"口袋本"。

（3）阅读方式。阅读方式不同对开本的要求也不同。如小说、剧本、散文、诗歌等文学作品和常用参考书，一般可以拿在手上阅读，书籍开本不宜过大，书不能太重，32开本是较佳的选择。词典、辞海、百科全书等书籍，内容量大，篇幅多，往往分成2栏或3栏，需要选择较大开

本，一般放在桌上阅读。

（4）书籍的成本及价格定位。书籍也是商品，是商品就得考虑成本和价格。同样的内容，不同的开本大小，不同的价格，读者会根据所需及书价选择最适合自己的。因此，不能盲目追求大开本的气派效果，而不顾书籍的成本和定价。

3.2.2.1　全开本

目前用的全开纸有四种规格：787mm×1092mm，800mm×1230mm，850mm×1168mm，889mm×1194mm，纸张幅面允许的偏差为±3mm。符合上述尺寸规格的纸张均为全张纸或全开纸。

由于全开纸张的幅面大小有差异，故同开数的书籍幅面因全开纸纸张不同而有大小的区别。如书籍版权页上标注的"787×1092　1/16"是指该书籍用787mm×1092mm规格的全开纸切成的16开本的书籍。同理，如版权页标注"850×1168　1/16"是指该书籍是用850mm×1168mm规格的纸张切成的16开本的书籍。

3.2.2.2　大度和正度纸张

常用纸张按尺寸可分为A和B两类。

A类是通常说的大度纸，整张纸的尺寸是889mm×1194mm，可裁切A1（大对开，570mm×840mm）、A2（大4开，420mm×570mm）、A3（大8开，285mm×420mm）、A4（大16开，210mm×285mm）、A5（大32开，142.5mm×210mm）。

B类就是通常说的正度纸，整张纸的尺寸是787mm×1092mm，可裁切B1（正对开，520mm×740mm）、B2（正4开，370mm×520mm）、B3（正8开，260mm×370mm）、B4（正16开，185mm×260mm）、B5（正32开，130mm×185mm）。

3.2.2.3　纸张的开切方式

书籍合适的开本多种多样，有的需要大开本，有的需要正规开本，有的需要不规则形开本。不同的需求可以通过纸张的开切方法上得到解决途径。纸张的开切方法大致可以分为几何开切法、直线开切法和特殊开切法。最常见的是几何开切法，以2、4、8、16、32、64、128等几何级数来开切，这种方法纸张的利用率较高（图3.1）。由于可用机器折页，所以印刷和装订都很方便。直线开切法依照纸张的纵向和横向，以直线开切，但不能实现完全用机器折页（图3.2）。特殊开切法是纵横及混合开切，虽可致印刷成本升高，但能形成独特的、出人意料的效果（图3.3、图3.4）。

3.2.3　书籍的切口

切口是书籍上白边、下白边、外白边外侧边缘的切光之处。书籍物化形态是一个由书页组成的具有一定厚度的六面体。封面、书脊、封底占据的三个面，是人们视线的重点，而书籍切口形成的三个面在装帧设计中往往关注考虑得较少，主要受到设计人员观念以及经济成本、制作工艺等因素的制约。印刷工艺技术的进步使切口部分得到了充分的重视和利用，成为书籍结构形态的基本单元。

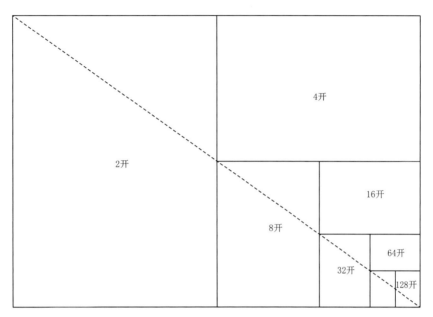

（a）切法（一）

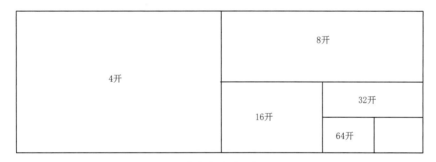

（b）切法（二）

图 3.1　几何开切法

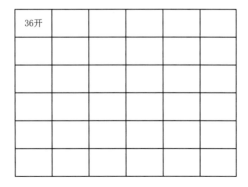

图 3.2　直线开切法

12开		6开
24开		
48开		
108开		9开

（a）切法（一）

10开	15开	25开
	30开	50开 / 100开
20开	60开	
	45开	
40开	80开 / 90开	

（b）切法（二）

图3.3　特殊开切法

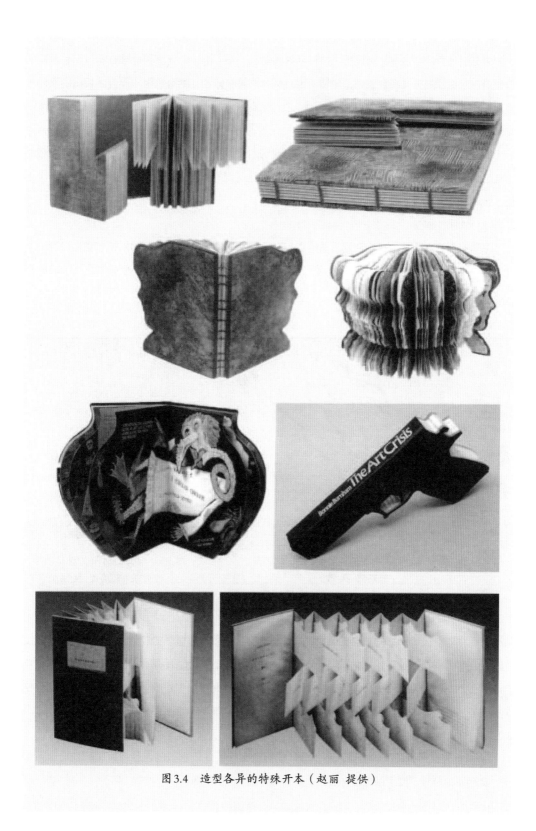

图 3.4 造型各异的特殊开本（赵丽 提供）

书籍设计中的切口在平时设计中往往容易被忽视。细心的设计人员要能够在看似无关紧要的位置深入挖掘，充分发挥想象力，使切口设计成为书籍整体设计的有机组成部分。切口的表现一般有以下手法。

3.2.3.1　改变切口造型

切口形态依附于书籍的整体形态，书籍的裁切、装订和折叠形式的变化也能导致切口形态的变化。现代书的切口已不拘泥于特定的形状，可能是规则的，也可能是不规则的，可能在一个平面，也可能不在一个平面（图3.5）。

3.2.3.2　材料选择

书页在翻动时会带给人们触觉上的感动，故而要准确选择与内容相应的纸张，使切口产生非同寻常的表现力，如光滑与毛涩、平整与曲散、松软与紧挺等，不同的质感可体现不同的韵味（图3.6）。

图3.5　斜面的切口，宛若流淌的水　　　　图3.6　凹凸的材质呈现出沙滩
（朱瑞波　提供）　　　　　　　　　的效果(朱瑞波　提供)

3.2.3.3　切口面组成画面

作为书籍六面体形态的其中三个面，切口也是文字、图形和色彩的载体。符合书籍内容的文字、图形、色彩，通过现代技术手段被表现在书籍的切口上，可以提高书籍的审美效果。如果能考虑到裁切后的书籍切口的形体，把图形、色彩、文字等元素符号由版面流向切口，便能体现信息符号在书籍整体中流动传递的作用及渗透力，可起到意料之外的效果（图3.7）。

3.2.3.4　封面与切口结合

从书籍的封面到切口、书脊，是一个延续的过程，可以根据书的内容将封面和切口联系起来，如色彩的延续、文字的延续、形象的延续等（图3.8、图3.9）。

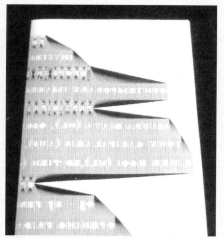

图 3.7 书籍的图形文字延伸到切口，使内容得以充分展现（吴铁 提供）

图 3.8 切口图形与封面、封　　　　图 3.9 封面与切口浑然一体
底相辉映（赵丽 提供）　　　　　（引自孙彤辉《书装设计》）

3.2.4 书籍的装订

书籍装帧设计前首先要确定书籍设计的开本及装订形式，而确定合适的装订形式是整本书籍设计的关键。书籍的装订形式一般可分为平装、精装、活页装和散装四类，有的个性化书籍采用特殊装订方式。装订是书籍设计的整体成形过程，现代书籍装帧的方式多数采用平装和精装两种风格。

3.2.4.1 平装装订

平装是目前普遍采用的一种装订形式，装订方法简易，成本比较低廉，多用于期刊和较薄但

印数较大的书籍。平装装订的形式又有骑马订、平订、锁线订、无线胶订等（图3.10）。

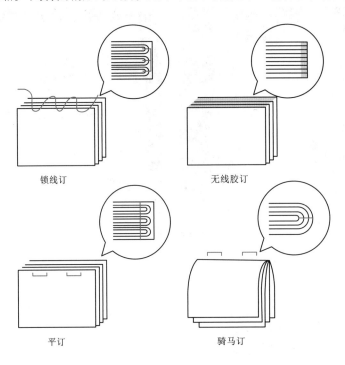

图 3.10　平装装订形式（王晓固　绘制）

（1）骑马订。骑马订是将书页用套配法配齐后，加上封面套合成一个整帖，再用铁丝从书籍折缝处穿进将其锁牢，把书帖装订成本。采用这种方法装订时，需将书帖摊平，搭骑在订书三脚架上。骑马订装是书籍装帧中最简单的装订方式，加工速度较快，能平摊开来。但书籍的牢固度不够，适合页数少的书籍。骑马订可简单分为单面骑马订装订和双面骑马订装订。

（2）平订。平订是先把内页用缝纫线或铁丝先订成书芯，然后外包封面，裁切成形。优点是经久耐用，缺点是不能完全平摊，且内页的预留空间较大。

（3）锁线订。锁线订是从书籍的背脊做折缝处理，将书页互锁，再经贴纱布、压平、胶背、封面，剪切成形（图3.11）。锁线订相对比较牢固，易于平摊，可用于页数较多的书籍。

（4）无线胶订。无线胶订是指不用线或订，而只用胶水来黏合书页的装订形式。其优点是不占用书籍的有效版面空间，成本较低，无论书页的厚薄、幅面大小都可用此种方法操作。缺点是易脱胶散落。

3.2.4.2　精装装订

精装书籍比平装书籍精美耐用，多用于需要长期保存的经典著作、精印画册等贵重书籍和经常翻阅的工具书籍，在材料和装订上都要比平装书籍讲究些。精装和平装的书芯一般都采用锁线订或胶订，二者主要的区别在封面的用料和制作上。

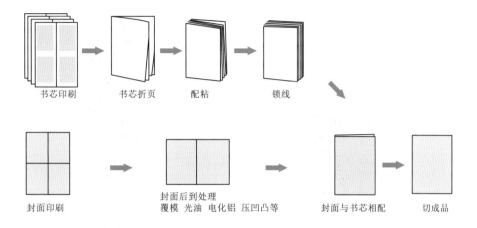

图3.11　锁线订工艺流程（王晓固　绘制）

　　精装的封面有软和硬两种。硬封面是把纸张、织物等材料裱糊在硬纸板上制成，适宜于放在桌上阅读的大型和中型开本的书籍。软封面是用有韧性的牛皮纸、白板纸或薄纸板代替硬纸板，轻柔的封面使人有舒适感，适合随身携带的中型本和袖珍本，例如字典、工具书和文艺书籍等。书脊有圆脊和平脊两种。圆脊是精装书籍常见的形式，其脊面呈月牙状，以略带一点垂直的弧形为好，一般用牛皮纸或白板纸做书脊的里环衬，有柔软、饱满和典雅的感觉，尤其薄本书采用圆脊能增加厚度感。平脊用硬纸板做书脊的里环衬，封面也大多为硬封面，整个书籍的形体平整、朴实、挺拔。堵头布和布带或丝带，也是精装书籍的附属物。堵头布是一种有厚边的扁带，粘贴在书芯外边的顶部和底部，用于装饰书籍和书页间的连接，而布带多用于书签，近年来对于书签的设计也较精细到位（图3.12、图3.13）。

图3.12　线装新概念书籍（张鹏　拍摄）

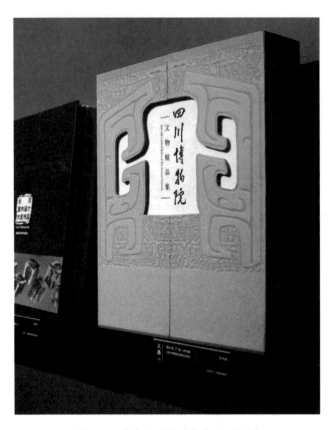

图 3.13　精装书示例（朱瑞波　提供）

3.2.4.3　活页装订

　　活页装订适用于需要经常抽出来，补充进去或更换使用的出版物，其装订方法常见的有穿孔结带活页装和螺旋活页装，常用于商业楼书、产品宣传册、日历等（图 3.14）。

图 3.14　活页装订可添加页码（赵丽　提供）

3.2.4.4 散装装订

散装就是把零散的印刷品切齐后，用封袋、纸夹或盒子装订起来，一般只适用于每张能独立构成一个内容的单幅出版物，例如造型艺术作品、摄影图片、教学图片、地图、统计图表等（图3.15）。装订形式的选择要从书籍的具体要求和工艺材料出发，并考虑成本和是否方便读者阅读，力求做到艺术和技术的统一。

3.2.4.5 特殊装订

个性化时代，某些书籍会使用较特殊材质以及装订方式。这些书籍的特点是受众少、销量小、个性化、边缘化，视觉冲击力较强。装订手法采用的是将线装、胶装、雕刻、浇铸等混合的纯手工创作，材质也不局限于纸张，品种可选择性更加广泛，如特殊纸张、布艺、塑料、木头、金属、玻璃等（图3.16）。

图3.15 散装书自由方便（赵丽 拍摄）　　图3.16 餐巾纸质配合手写文字，
　　　　　　　　　　　　　　　　　　　　　　　颇具浪漫温暖感
　　　　　　　　　　　　　　　　　　　　　　　（朱瑞波 提供）

3.3 案例解析

3.3.1 周晨的书籍设计

3.3.1.1 《凌听》书籍设计

《凌听》这本书是对10位当代中国的艺术家的采访合集，接收书稿设计时，周晨先生首先想到的是如何让书籍呈现应有的图文关系。周晨说："我觉得最难的是书籍的形态和结构如何与内

图3.17 透明软塑料做函套，增添了书籍的
精致性

容文本结合好。比如开本多大合适，12个小册子用多厚的纸。最终以现在看到的样貌出现，这前后做了好几次的测试，包括外面的透明塑料片，请印刷厂配合到淘宝网上去找去选，也有厚度柔软度的问题。外面的松紧带刚好是那位责编头上扎头发用的皮筋，但做了改造。最终做成了32开本。"（图3.17）

在书籍在体例结构上，每一位艺术家的部分都有"凌听"（采访手记）、"冷眼"（冷冰川撰写的艺术家评论）、"夕拾"（访谈的摘录），设计编排穿插艺术家的作品照片。将每位艺术家做成一册，刚好10本，头尾各加一册。开篇是序言目录，以及每一位艺术家回顾《凌听》节目说的一句话，收尾一册是后记及《凌听》拍摄的幕后照片花絮。总体看上去一摞12册，以为是12个小本子，但实际上是连接的整体。目的就是要体现全书既是整体，但又有独立性。如果做成通篇一册，会减弱艺术家个体的特性，相互会有干扰，这样的做法在空间上有了独立的分割，艺术家的排序按照播出的顺序，在时间上也有了暗示。封面用纸细看，每一册的白度都不同。这些艺术家在各自的创作上都有独特的探索，同时都具有高度，在当今艺术界有一定的位置。设计者与中国传统的交椅相联系，周晨先生为《凌听》做一个很小的图形，点缀在开篇、书签等处，给书籍增添了些许情趣（图3.18）。

（a）每章开篇提领各艺术家的作品照片和名言，
使每位艺术家的作品独立成册

（b）设计巧妙，体现出整体连续感，
又显现出独立性

图3.18 《凌听》的设计

3.3.1.2 《江苏老行当百业写真》书籍设计

老行当，是对社会上正在消失的各行各业的总称，承载着民间的独特智慧和一代人共同的回忆。《江苏老行当百业写真》一本书依据行当特点及旧时传统，将江苏的老行当分为八类，通过

严谨的设计语言塑造民间气质，是一部致敬工匠精神的匠心之作（图3.19）。

（a）纸本柔棉敦实，书名老旧的印章唤起
读者过往的记忆

（b）暗红色的页码和书页毛边，
古朴之感油然而生

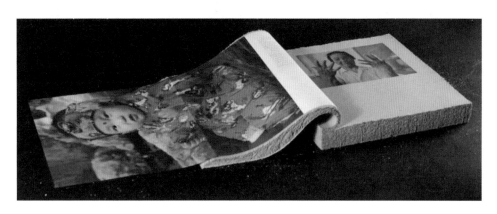

（c）图片色彩饱满温和，与土黄色的内页纸协调统一

图3.19 《江苏老行当百业写真》的设计

设计处处显示出真情，采用老店铺包点心的粗陋纸张，切口打毛边，表现逐渐消失的民间老行当百业，有沧桑之美。采取古老而民间的装订方式，页码设计独特。内文使用不同材质来表现，丰富了视觉语言。黑白图片印在粗陋纸张上，产生古老斑驳的意象。

3.3.2 孙文彬对《贾涤非练习》的设计

《贾涤非练习》是著名油画家贾涤非于20世纪80—90年代创作的素描、油粉彩、水墨和水彩作品合集。文本是从以前出版的画册及访谈资料中提取的，最终形成图文相互支撑的结构。艺术家画册因为题材和素材的相似性，很难在编辑和形式上有所突破，孙文彬先生谈到一个有趣的现象："参加展览的时候，你仔细观察的话，会发现来宾接收大而厚的画册的面部表情会比较尴尬，拿走不是，不拿也不是，太大太厚提不动。更有甚者，转身就扔到垃圾桶。"

小开本可以避免这个问题，《贾滁非练习》（图3.20）就做了这种尝试。由于开本是64开，672页，裸背书脊厚度是4cm，最难的是爆线问题。孙文彬先生表示："虽然成书只实现了设想的七八成，也有许多遗憾的地方，但是，为下一步的完善积累了有益的经验。"

（a）小开本方便携带，精心而有趣的设计增加了
书籍的收藏价值

（b）一个个小开本像积木拼图一样，组合成一幅
色彩斑斓的图画

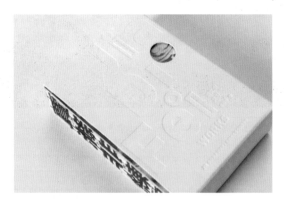

（c）白色凸印函套右上角圆孔露出的一抹色彩，是设计的点睛之笔

图3.20 《贾滁非练习》的设计

3.4 课题实训

3.4.1 思考与练习

（1）按模块化和书籍主题的要求，说说个人对纸张和开本的选择。

（2）书籍封面和内文一般常用纸张有哪些？

（3）封面特种纸张的应用要注意什么？

（4）开本大小、规格对书籍整体设计的影响有哪些？

（5）现在一般市场书籍装订主要采用什么方式，请举例说明。

（6）分析你阅读过的书籍的开本和装订形式，并简要描述。

3.4.2 实训练习

3.4.2.1 实训内容

拟定书籍装帧材料、开本、装订方案，将主题与书籍造型有机结合，确定书籍设计风格。

3.4.2.2 实训目标

在既定的开本、材料和印刷工艺条件下，通过想象，调动设计才能，使艺术上的美学追求与书籍"文化形态"的内蕴相呼应，使书稿理解尺度与艺术表现尺度达到充分平衡。以丰富的表现手法，使视觉思维的直观认识与视觉思维的推理认识获得高度统一，从而满足人们阅读、想象、审美的多方面要求。

3.4.2.3 实训技能

要求具备一定的平面设计能力、艺术审美能力和良好的语言表达能力。

3.4.2.4 实训程序

（1）对图书市场进行调查分析。

（2）学生根据课题进展制作PPT，分析设计方案。教师对学生进行个性化指导，学生充实完善设计方案。

（3）合作设计公司的职业设计师，从市场角度对学生设计方案进行评价。

3.4.3 实训考评

学生制作PPT，对设计方案进行介绍说明。教师和职业设计师根据实训模块任务要求和课题目标按下表评价标准，对学生实训情况进行评分。

知识拓展

图书设计与
市场调查

课题3实训评价表

学生姓名：_____　　作品名称：_____　　评分教师：_____　　评分设计师：_____

项次	评价标准	分值	教师评分（60%）	设计师评分（40%）	得分
1	衣着举止大方得体，口述思路清晰，语言节奏有序、逻辑感强，专业用语规范	15			
2	对同类书籍风格及定价市场分析深入，市场预期合理	15			
3	对书籍造型认识和理解深入到位	15			
4	与课题3任务衔接顺畅	15			
5	初步设计草图表达到位，设计进度合理	15			
6	设计策略有创新点、突破点	25			
合计		100			

课题 4 心灵之窗——书籍外部结构设计

4.1 课题提要

4.1.1 课题目标

4.1.1.1 思政目标

通过教授书籍创意理念，让学生明晰中华传统文化中"天人合一"的文化理念在书籍设计中的具体体现，如"虽为人做，宛自天成""方寸之间，乃辩千寻之峻"等理念对书籍创意形式、内涵设计的实际影响，提升学生的文化自信。

4.1.1.2 专业目标

结合"中国最美的书"案例，熟悉和掌握书籍的创意理念，同时结合书籍的外部结构介绍并实施选题运作，确定主题及形式风格，充分把握各结构间的关系，在此基础上进入成品设计阶段。

4.1.2 课题要求

充分认识理解书籍外部结构的作用，把握好各结构元素与书籍性质的关联。

4.1.3 课题重点

外部结构设计协调、连贯、有新意、风格突出且一致。

4.1.4 课题路线

熟悉了解书籍外部结构的作用→结合市场调查按模块要求确定个人设计的结构→购置材料、着手制作→提前预习下一课题内容。

微课视频
（思政篇）

天人合一
永葆丰华

微课视频
（专业篇）

心灵之窗
——书籍
外部结构
设计

课题 4 课件

4.2 课题解读

一本完整的书是由诸多部件构成的。根据书籍功能与结构的不同，可分为封面、封底、书脊、勒口、书函、腰封等。图 4.1 所示为圆脊精装书外部结构各部分名称。

4.2.1 封面设计

封面就是指书籍平放时的正面部分。封面又称书面、封皮等，内容包括书名、著（译）者姓名、出版社名称以及与图书内容相关的图片和文字等。

封面表达的是一定的意图和要求，有明确的主题，它的诉求目的是使主题在适当的环境里被人们及时地理解和接受，以满足人们的使用需求。这就要求书籍设计不但要单纯、洗练、准确和清晰，而且在强调艺术性的同时，更应注重通过独特风格和强烈的视觉冲击力来鲜明地突出主题。设计封面时要抓住文字、立体形象、表现形式、色彩、构图等要点进行设计。

4.2.1.1 文字

书籍封面文字通常有书名、副书名、著（译）者姓名、出版社名等。书名就是该书的主题词，

传递着图书主题的信息，它是读者关注的中心，同时又是传达情感的符号；副书名则可以提高书名的专指度。著（译）者姓名提供了有关的作者信息，读者可以进行比较和选择。出版社名的信息内容可以让读者鉴别其内容的种类、层次和专业特色。有的书籍封面上还会出现广告形式的文字，这些更便于读者准确、快捷地进行鉴别。

封面文字的阅读是一个短暂与复杂的阅读过程，其基本设计要求是要让读者看得清楚、看得懂，在此基础上才考虑形式的美感、情感的传达。书名文字在整个封面设计中具有相当重要的地位。几乎所有的设计要素与创意都是围绕书名文字展开的。首先，要根据书籍的内容选择和设计与之匹配的书名字体。设计人员要熟知和掌握各种字体的"性格特征"。比如：黑体字笔画均匀，端庄敦厚，较为醒目；宋体字形体挺拔，笔画寓于变化，刚柔并济；圆体笔画粗细适中，方圆互成，字体圆浑方劲；书法体的笔画抑扬顿挫，字形婀娜多姿，表情变化丰富；手写的艺术体和书法体更是增添了人本的灵动……一般来说，政治类、社科类等书籍的书名常用端庄严正的字体；对于故事性较强的情感小说类和少儿类等书籍，常用笔画多变、字形灵动、秀丽的字体。除了字体选择外，字号大小的选择也非常重要，因为它会直接影响读者阅读书籍时辨识度和心情（图4.2）。

计算机字体虽然种类繁多，但它的"表情"也是比较模式化的，会给人一种机械感。所以，在设计过程中，要根据书籍内容来创作书名的字形，或对精心挑选出来的符合书籍内容精神的字体进行再设计。例如，可将字体的笔画或结构进行变形设计，如添加、省略、变形、夸张等变化手法。另外，书名文字的编排形式可以有多种变化，如运用不同的字体来组合编排，使用中文、拉丁文混合编排，以及文字与图形结合的编排形式等。要注意的是变化形式要符合人的视觉规

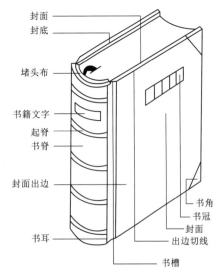

图4.1　圆脊精装书外部结构各部分名称
（王晓固　绘制）

图4.2　大红底色衬托黑色的大宋
体和书法体，具有极强的分量感和
厚重感（吴铁　设计）

律，或从左至右，或从上至下，或倾斜排放，但都应该让人看起来舒适、流畅，不能为了追求形
式感而破坏了书名的可识别性（图4.3、图4.4）。

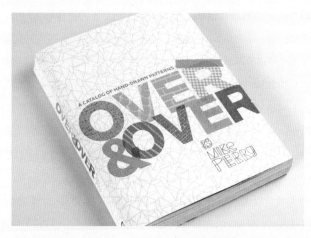

图4.3　文字色彩柔美亮丽，构图完整，细节取胜（引自周东梅、田华《书籍设计》）

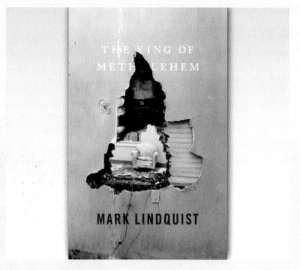

图4.4　文字与图像构成另一空间，深邃而耐人寻味，是对封面设计的突破
（赵丽 提供）

4.2.1.2　主体形象

　　主体形象是指封面上能引起读者思想或情感活动的图形语言，它是设计者对著作文本内涵情
感化的符号和物化的产物，在调动人们的审美情趣方面具有不可替代的作用。封面图形具有的载
体性和本体性的双重属性使书籍文本的内涵在凝练成图形这一载体的同时，呈现出封面设计的整

体美，创造出游离于创意之外的独立的审美个体。主体形象表现的主要形式有几何图形、装饰图案、绘画作品、摄影图片、各种插图等。

主体形象的创意与表现是封面设计的难点，当题材确定以后，对于用何种形象去表现主题以及怎样进行表现的思考是封面设计重要的一步。中国画论主张"意在笔先"。其中的"意"就是指构思。设计人员为了实现设计目的，必须在构思之前充分理解与原著有关的背景知识，以便较好地把握原著的精髓；在熟悉原著内容的基础之上，深入挖掘生活素材，并运用隐喻、联想与象征等手段，围绕书籍的内容、精髓进行原著的形象化再造。构思时要抓住反映书籍内容的本质和典型，通过一点或一个侧面、一个角度对书籍内容进行概括和提炼，参考必要的生活素材和资料，通过想象、联想，在头脑中储存一闪而过的形象和设计方案。此时应多画草图，将构思所得的各种方案真实、完整地记录下来，以便及时进行对比、筛选、补充和完善，并选择一个最理想的方案。常用构思方法有以下三种。

（1）想象。想象是构思的基点，想象以造型的知觉为中心，能产生明确的有意味的形象。人们所说的灵感，也就是知识与想象的积累与结晶，它是设计构思的源泉。（图4.5）书籍设计家张光宇先生曾经说过："装帧设计要先做加法，后做减法。"构思过程之初要挖空心思，多画草图，多出方案，当到了最后审定方案时，往往"叠加容易舍弃难"，对多余的细节爱不忍弃，因此，在构思时也需要对不重要的、可有可无的形象与细节大胆舍弃。

（2）象征。象征性的手法是艺术表现最得力的语言，用具象形象来表达抽象的概念或意境，也可用抽象的形象来意喻表达具体的事物，都能为人们所接受（图4.6）。

图4.5　左侧反差图形像手指头按在书　　　图4.6　黑白分明的眼睛象征着法官犀利的目光，
上，与书名很贴切（朱瑞波　提供）　　　灰底色暗喻出审判结果的不确定性（张鹏　提供）

（3）探索。设计要新颖，构思也需标新立异，要有创新的构思就必须有探究精神。在构思时可以利用逆向思维来打破人们惯有的审美模式，对流行的形式、常用的手法、俗套的视觉语言要尽可能避而不用（图4.7）。

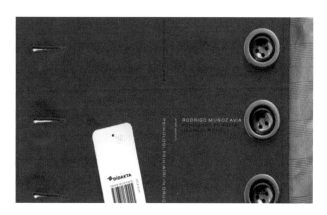

图 4.7 纽扣、扣眼、吊牌与织物构成独特的封面意趣（张鹏 提供）

4.2.1.3 表现形式

1.直述型

直述型是一种较为直接的表现手法，它是将书籍的中心内容较为直观、准确、形象地表现于封面上，这种表现方法带有较强的说明性，使读者能直观地从封面形象中读出书中的主题信息，常用具体的形象来回答封面命题。直述型的封面形象一般运用写实性较强的图像或图形来表现。通常适用于主题较为具象的书籍，如各种类型的教材、以著（译）者为宣传卖点的书籍，如个人画册、著作集等。可以将表示教材的主题的图形或图像，作者肖像、代表作品等经过一定的艺术处理、组织编排直接表现于封面上。对于一些文学类的书籍，也可以用这种手法将作品中的典型人物、事件、场景、气氛进行提炼概括，通过将文学形象转化为视觉绘画形象的方法，使其成为封面的主体形象。具体设计时应注意对直接表述的主体形象进行艺术处理，以避免使封面出现过于直白、缺乏艺术张力的局面（图4.8）。

图 4.8 封面极具民间剪纸的美感，色彩热烈奔放（朱瑞波 拍摄）

2.表现型

表现型即一种间接的表现手法，它是运用意象或抽象的形象来表现书籍主题。"意"是设计者主观的心意，"象"是客观的物象，意象化的形象是具有客观物象的形态又被赋予或体现着人心意的一种新的形象。意象化的形象既具有具象的可信赖性，又富于趣味性的抽象的联想，还具有丰富的表现性，能激发读者丰富的想象。它通常运用联想、比喻、象征、抽象等手法来按题意设计形象，但又要超越题意，强化题意，使题意在设计中升华，获得新的意念。

意象化的封面形象适合用于内容比较抽象的书籍。如科技、散文、诗歌、艺术、文艺理论、学术著作等类型的书籍，一般具体的形象不能概括和代表其内容，可以用意象化的主体形象来表达封面主题。具体为：运用同构的方法，利用不同事物之间的类似性，将表面看似不相关的具象形象和抽象图形结合起来表现主题，使读者产生联想和共鸣；运用一个具体形象来指代、形容抽象的主题，即比喻的方法；将具象的形象抽象化，使图形或图像处于似像非像之间，以深化主题的表现。这些形象设计方法都要建立在具有可读性和可解性之上，如果除了设计者之外谁也看不懂，就难以获得读者的认同和喜爱。

抽象化的形象就是完全不受客观物象自然形态和色彩的限制，用与世界事物的外观毫不相关的纯粹抽象的形式——点、线、面、色来进行组构，来暗示或表达内文的思想或概念的封面形象。这种表现形式具有强烈的视觉刺激或形式美感，它使封面的空间更为广阔，能引导读者自由地去联想、综合，进而得到审美愉悦。抽象化的表现形式同样适用于内容抽象，不宜用具体想象来表现的书籍。如辞书、字典、学术理论、教育等主题的书籍。在具体设计时，抽象的图形要注意与书名、色彩的结合，以达到辅助表达主题，丰富画面的视觉效果（图4.9、图4.10）。

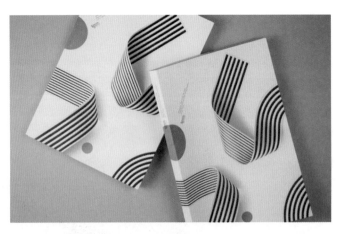

图4.9 封面设计很有寓意，抽象几何图形似耳非耳，具有典型的国际化风格（引自孙彤辉《书装设计》）

图4.10 线的变化构成颇具立体感的弧形飘带，与书籍右下角的圆线形成反差，增加了书籍的抽象性和逻辑感（赵丽 提供）

4.2.1.4　色彩

德国美学家鲁道夫·阿恩海姆曾在他的论著《艺术与视知觉》中提出这样的观点："严格说来，一切视觉表象都是由色彩和亮度产生的。"许多时候色彩在视觉传达中是优先于图形和文字的。色彩能够对视觉造成强大的刺激力；色彩能唤起人们自然的、无意识的反应的联想；色彩能够表现各种情感；色彩能够赋予真实物品所不具备的概念等。色彩具有巨大的潜能，怎样运用好的色彩配置来为封面增光添彩，是封面设计的主要任务之一。封面色彩设计应把握以下要点。

（1）随类赋色。即封面色彩要符合书籍的特性，什么内容的书，赋予什么样的色彩。书的种类不同，面对的读者群不同，常用的色彩基调也有差别。一般来说，青少年读物要针对青少年单纯、青春、活泼，富于活力的特点，色调往往处理成高调，并适当减弱各种对比的力度，营造一种清新、适目的感觉；女性主题的书籍色调可以根据女性的心理特征，选择温柔、妩媚、典雅、时尚的色彩系列；设计艺术类书籍的色彩则强调刺激、新奇，追求色彩个性以及视觉冲击力；文艺类书籍的色彩就要求具有丰富的内涵，要有深度，切忌轻浮、媚俗；科普类书籍的色彩可以强调严肃的科技感和神秘感；专业性较强的教材类书籍的色彩则要端庄、高雅，体现专业性、学术性，不宜强调高纯度的色相对比。设计者应该把握色彩的流行趋势，善于运用流行色聚拢读者的视线，赢得他们的青睐（图4.11、图4.12）。

（2）构成形式。封面设计可利用各种色彩的构成形式创造独特的视觉效果，即利用色彩在封面空间、量与质的可变性，按照一定的色彩规律去组合构成要素间的相互关系，创造出新的理想的封面色彩效果。例如使用配色取得封面画面的空间、平衡、强调、节奏、渐变、统调、分隔等效果（图4.13）。

（3）印刷要素。封面色彩的最终效果与印刷、材料、工艺、成本都密切相关，所以设计人员需要了解各种印刷和工艺的特性，合理利用不同的封面装帧材料的本色和肌理，根据不同的印制工艺和成本来设色（图4.14）。

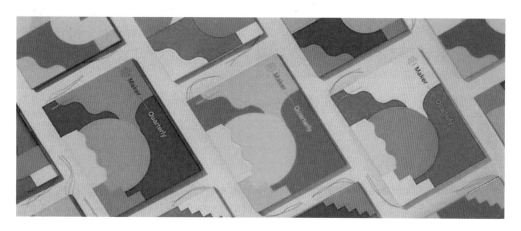

图4.11　缤纷的色彩和简化的图形在书籍陈列中很能吸引读者的目光（引自王汀《版式设计》）

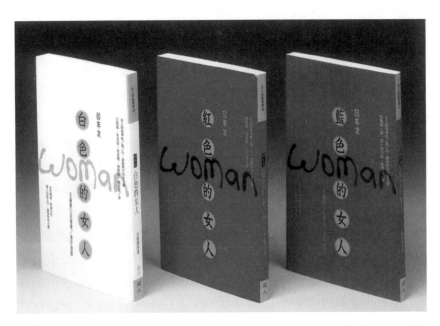

图4.12　用色彩的变化表现不同性格、不同气质的女性（引自王汀《版式设计》）

图4.13　封面设计手法简洁、精巧，设计感十足
（赵丽 提供）

图4.14　底色喷砂做成土地，动物脚印用模
切机切孔，植物肌凸印刷，表现出野外探
密引人入胜的情境（朱瑞波 提供）

4.2.1.5　构图

　　法国著名艺术家马蒂斯说："所谓构图，就是把画家所要应用来表现其情感的各种要素，依照装饰的意味而适当地排列起来的艺术。"封面除了要设计好形象、色彩、文字等元素之外，将这些元素置阵布势，在封面上组织成一个富有形式意味并且协调完整的画面，也是一个非常重要

的因素。封面构图的主要任务就是"经营位置",即按照立意来安排封面上的形象、色彩、文字要素,使其有秩序地、理想地结合。

封面构图要遵循平衡、均齐、变化、统一的法则,把构思中选择的形象在封面上合理布局。可以运用删繁就简、计白当黑、象外之象等构图方法,以丰富、提高作品的表现力和感染力。其画面的构图形式可以是垂直的、水平的、倾斜的、曲线的、交叉的、向心的、放射的、三角的、散点的等,归纳来说就是对称与均衡两种。对称的构图让人有庄重、安定之感,而均衡是等量不等形,力求做到视觉上与给人心理上造成一种视觉平衡感,均衡的构图能给人生动、新颖之感(图4.15、图4.16)。

图4.15　绿色枝叶与橙色斜线构图成"X"书名,并柔化了较生硬的橙色斜线(吴铁 提供)

图4.16　倒置的影像和三角形构图勾起读者的好奇心(朱瑞波 提供)

4.2.2　封底设计

封底是封面的底面。通常在它的右下角印有书号、定价、图书条形码,有的还印有内容提要或装帧设计者、出版人以及版权页的内容等信息。封底是书籍整体设计中的重要环节,同时也是很容易被忽视的部分。封底设计应符合以下要求:

(1)保持与封面的统一性和延续性。封面与封底是一个整体,优秀的封底设计可以延伸美感。彼此共同承担着表达书籍整体美的任务,所以封底的画面效果要与封面达到统一和谐,它的图形、文字、编排不一定是完全相同,但应有联系,与封面相互呼应。

(2)注意处理好与封面的主次关系,充分发挥封底的作用。从某种意义上来说,封底是一本书结束的标记,它与封面有着各自不同的功能。封面是先声夺人的,有时也是张扬的,它需要充分展示自己,而封底不在于炫耀,而是隐匿在书籍整体之美中,所以设计时应把握住封面、封底的这些关系,画面的轻、重、缓、急都应仔细斟酌,在统一中寻找对比,要保证在连贯的整体下,

封底独立展示出的效果。此外还要充分利用封底版幅来宣传图书及出版单位（图4.17~图4.19）。

图4.17　封底图形与封面图形连为
一体（引自孟卫东、王玉敏《书
籍装帧》）

图4.18　封面与封底前后呼应，风格清雅自
然，中华节气文化特征显著（阎建滨 提供）

4.19　不同明度的灰色几何形穿插变化、空
间层次丰富，烘托出主题（赵丽 提供）

4.2.3　书函设计

　　书函是书籍的各种护装形式，主要指用于线装书的书匣、书夹以及现代书刊外面的各种包壳。书函通常用来放置比较精致的书籍，以及丛书或多卷集书。它的主要功能是保护书籍，使其便于携带、馈赠和收藏。由于书函的材料丰富多样，结构形式千姿百态，非常有助于提高书籍的整体艺术效果和突出书籍精致的特征，其中的图形面积要适度要控制，一般不要超过开本1/3的面积。书函造型可以采用印刷，也可以切割或用材料粘贴出别致的造型。

　　书函本身有较强的装饰作用，设计应遵循以下原则：功能与形式并重，书函设计应以其功能为主，保护书籍、便于携带或存放等都是首先要考虑的问题，过于奢华、累赘的表面装饰是不可取的；材料的选用及印刷、加工工艺的选择要符合书籍内容与整体设计风格，不可盲目凑合；结构形状要与其配饰相协调。

4.2.3.1 书匣

一般用于具有收藏价值的经典著作，它是依据整部书籍的大小厚薄制成的专用箱柜，多用楠木。书匣的正面设有匣门并刻写上书名，匣的开启一般以抽开居多，也有的像窗户一样开启的（图4.20）。

4.2.3.2 书夹

书夹是在书的上下两面各置一块与开本同样大小的木板，板上穿孔，左右备用两条布带或缎带贯穿其中并加以捆扎，起到用夹板保护书的作用。多用以保护传统画册书，现代书籍中已较少使用（图4.21、图4.22）。

图4.20 书匣展示（张鹏 拍摄）

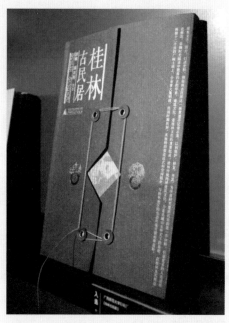

图4.22 书夹设计成大门形状，营造一种"开门"探究古民居的意愿（朱瑞波 提供）

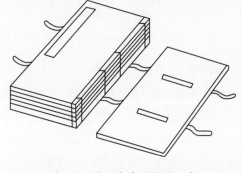

图4.21 传统书夹结构图示意

4.2.3.3 函套

用厚纸板做里，外面裱上棉或丝织物，在开启的地方挖成环形或如意形，并有扣，通常用骨签或竹签加以紧扣。它还有四合套和六合套两种，用以包装整部分册的线装书，并以若干分册合

装一套，称之为"一函"，以若干函组成的，称作一部（图4.23~图4.25）。

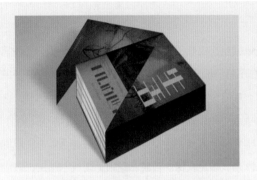

图4.23　函套别致的开启方式（张鹏 提供）

图4.24　函套造型呈斜角，装入书籍时能露出
书名，兼具功能和美感（王晓固 提供）

图4.25　函套将服饰中的常用材料拉
链作为开启方式（张鹏 提供）

4.2.4　护封、腰封设计

4.2.4.1　护封

护封又称为封套、包封、护书纸、护封纸等，是包在封面外面的另一张外封面。护封的组成部分包括书前封、书脊、书后封、勒口。护封有保护封面和装饰的作用，可以增强艺术感，保护书籍免受污损（图4.26）。

护封要体现广告的促销作用，如果是小说，可以在护封上设计书的畅销情况，以及名家推荐的字样；如果是纪实性内容的书籍，可以设计事件中最吸引人的关键性情节或文字；如果是杂志，可以设计本期当中最重点的内容；如果是某人的理论思想专著，可以设计书名和作者名在护封上。护封应用材料以纸张为主，可以是铜版纸、亚粉纸或是过稿纸（硫酸纸）。过稿纸具有朦胧、舒雅的特点，可以半透出封面内容，前后页面的图形文字交互透叠。运用半透明的织物做护封也是一项选择，模糊映现的封面文字与图形产生让读者一探究竟的心理效应，且触感温暖、不易变形、延展性较佳。

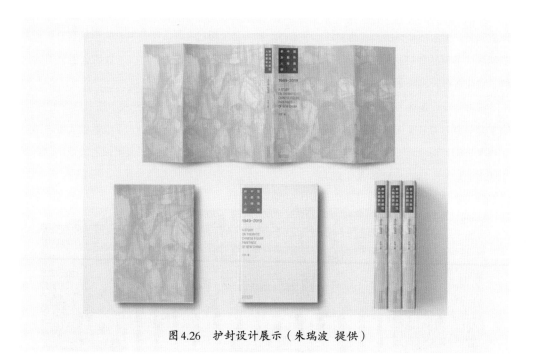

图 4.26　护封设计展示（朱瑞波 提供）

4.2.4.2　腰封

腰封又称环套、封腰等，一般包裹在书籍封面或者护封的腰部。腰封高度一般为5cm左右，也可以根据书籍开本及设计要求灵活调整尺寸。腰封的主要内容是书籍的补充说明或促销性的文字（图4.27、图4.28）。

图 4.27　腰封信息突出，有较强的广告促销　　图 4.28　腰封与封面主题文字色彩融为一体，看上
　　　作用（朱瑞波 提供）　　　　　　　　　　去造型别致（引自孟卫东、王玉敏《书籍装帧》）

4.2.5 书脊设计

书脊是包裹书心的订口，连接书籍封面和封底的部位，也称"书背""封脊"。具有3个印张以上的书，都应在其脊部印上丛书名、书名、作者名及出版社名等。精装书籍的形状有方脊和圆脊两种。书脊的装帧材料通常是与封面纸张一样的，但也有的书脊与封面、封底运用不同的材料，如纸面布脊、纸面皮脊等。

书脊的设计是整书设计的重要环节。它虽然面积不大，但作用却不容忽视。在书店或图书馆，当书籍被竖立着放置在书架上时，书脊就成为展示书籍风貌的第二张脸。它不仅能使读者与图书工作者轻松、快捷地识别和查取到所需读物，还能赋予书籍丰富的表情，吸引读者眼球，起到促进图书销售的作用（图4.29~图4.32）。

图4.29　丛书书脊的设计用编号、图形、色彩加以区分，统一而不失变化（朱瑞波 提供）

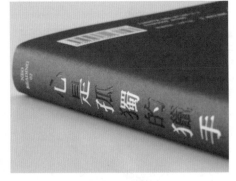

图4.30　书脊设计采用卡通字体、图形，配　　图4.31　书脊设计整体中有变化，凹印精致
　　　　以鲜明的色彩，童趣横生（朱瑞波 提供）　　　　　细腻（朱瑞波 提供）

设计书脊时应注意以下几个方面。

（1）信息清晰。书脊上的文字信息要清晰、明确，视觉识别性高，这是书脊最基本的条件。

书脊上的书名字是最重要的信息，所以要醒目突出，通常它的字号比其他信息的要大，排放在书脊的中上部位，以适应人的视觉习惯，而其他信息则要根据其重要性来设定。中文字一般由上至下排列，若是拉丁字母，则应根据书脊的安置情况及阅读习惯作合理安排。

（2）统一协调。书脊不是孤立存在的，它是书籍整体的一部分，其设计应与主题相呼应，并保持风格的一致性。在设计时书脊通常会重复使用封面上的一些元素。如，书脊上的书名要与封面上的书名保持一致。书脊上的图案可以挑选封面中所用的图形、图案、部分形象来加强封面效果，此外还可以与封面、封底共用一张完整的画面，这样封面、书脊和封底就自然形成个整体，有助于书籍整体设计风格的和谐统一。

书脊设计不是被动的，而是积极主动的。当书籍陈列在展销书架上时，书脊又是一个相对独立的展销面，因此在设计时也充分顾及书脊的独特功能。

图4.32 这两本书充分利用了书脊空间，民族文化特征鲜明（朱瑞波 拍摄）

（3）连续别致。系列书的书脊设计要注意两个方面的问题：一方面，要保证系列书籍在展示时的一致性，它的书脊上一般都要放上丛书名，每一本书脊的共同要素都要与其他分册的风格保持一致；另一方面，设计者要注意系列书脊的连续性，利用排列的顺序，制造出多种视觉趣味。具体方法有在分册的书脊上运用不同的色彩来区分内容，也可以运用有连续性的色彩，例如由一种颜色到另一种色彩的渐变等，或者是将书脊连续成一个画面，每一本仅是整个画面的一部分。这样使系列书的书脊能在整体中显现出变化。

4.3 案例解析

4.3.1 周尤的《奶奶逮到了一只小精怪》书籍设计

文学博士彭懿多年来游走于幻想世界与现实世界之间，他既是作家、学者、翻译家，也是一名摄影师和电影制作人，著有《世界图画书阅读与经典》《世界儿童文学阅读与经典》等理论专著。《奶奶逮到了一只小精怪》是根据其经典幻想小说"我是夏蛋蛋系列"改编的首部图画书。书籍内容富有极致的想象力和创意，打破禁锢，延展思维边界，培养孩子自己的想象力。故事情节环环相扣，带给读者酣畅淋漓的阅读体验。故事内容看似荒诞不经，实则温暖至极。画面采用夸张生动的造型，通过灵动的彩铅和水彩等手法表现（图4.33）。

封面设计用潘通专色油墨印刷，色彩纯正鲜艳。同时为了体现趣味性，封面将奶奶和小精怪这两个主角形象放置在两个圆圈中，再采用镂空的制作工艺，小精怪的位置是一个真实的"洞"。配合奶奶的动作，小精怪仿佛真的要跑掉了，有很强的互动性，非常吸引读者（图4.34）。

图4.33 设计师笔下塑造的可
爱、天真、顽皮的夏蛋蛋形象

图4.34 书籍结构圆形镂空，比喻这是一部像万花筒
一样好看、好玩的作品

4.3.2 田之友的《凤凰》书籍设计

设计从书籍代表诗《凤凰》的文本中提炼出四个关键词——诞生、展翅、涅槃、重生——进行编排。函套的设计为包折式，既方便取书，又是凤凰展翅的一种状态，把功能性和实用性、便捷性结合在一起。图书整体设计较内敛，形式基于内容的表达，设计要素少而点睛，力求给读者更多的遐想感悟空间（图4.35~图4.37）。

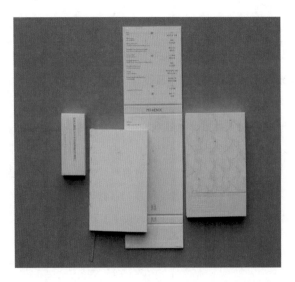

图4.35 《凤凰》一书的函套设计灵动又兼有庄重感

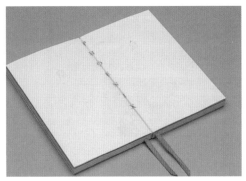

图4.36 书籍设计呈现凤凰展翅的形态，把功
能性和实用性、便捷性糅合在一起

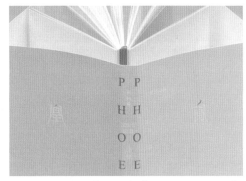

图4.37 火焰橙色点缀书籍，好似广阔空间中
闪烁的光芒

4.3.3 马仕睿的《风雅物语》书籍设计

《风雅物语》是一部常熟文化地理读本，通过寻风雅记忆、在自然中、探食味记、访街角巷、品审美录五部分，从历史内涵到现代风雅，从阁楼书香到市井炊烟，呈现常熟的城市气质与生活哲学。内容均是实地走访后的输出，行文中穿插采访，并则将风景、文化、生活细化成一个个具体的话题，篇末附有"To-do List"，兼具故事性与实用性。此书既是一册常熟的文化地图，又是一卷江南生活的速写，还是一本旅游休闲的攻略，值得多角度阅读。设计采用了多层次的变化来避免单一的气质给人带来的刻板印象，相关联的内容在装订时先采用了一个完整的骑马钉的折叠形式，以便区分不同的信息关系。这是一本寻古访今的杂感游记，边走边写，叙事行文跳跃，设计者采用区别于传统的印刷装订工艺，将繁简各异的图文内容呈现在尺寸不一的散页上，再以环形活页钉将这些散页串联整合在一起。本书用纸多元，看似碎片化，但在主要文本和章节方面呈现出较强的逻辑性。设计者集纸张大小、颜色、手感、厚度等于一体，整合并提高了阅读层次，松散却有逻辑地呈现了常熟的各个方面。封面文字游走于采集自常熟典型的景致器物为元素的图形之中，与主题十分契合。函盒内侧印上书名，略有轻松俏皮之感。本书特色多元多变，富有阅读乐趣（图4.38）。

4.4 课题工作

4.4.1 思考与练习

（1）简述封面、书脊、封底、勒口的功能。在设计中应如何保持其整体性？

（2）你认为优秀的封面设计应该是怎样的？请举例分析。

（3）书籍的护封、书函设计与产品的外包装设计有何异同点？

（4）简要说明色彩在封面设计中的作用。

（5）简要说明书籍外部结构与书籍性质的关系。

（6）书籍中如何发挥封底设计的广告作用？

（7）简述文字、色彩、图形、材料及编排在构成封面设计中的独特作用。

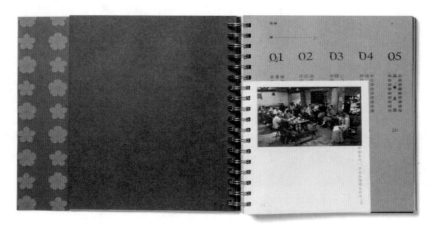

（a）尺寸不一的散页上，展示出风景、文化、生活的画面

（b）书函印上市井生活的象征性物件，像是推介常熟的宣传折页图
图 4.38 《风雅物语》的设计

4.4.2 实训练习

4.4.2.1 实训内容

（1）结合市场需求等因素，构思书籍的外部结构、视觉审美、字体编排与插图、个性特征、造型要素，并对材质、印刷工艺、价格进行详细说明。

（2）了解下一课题内容，将零页设计纳入书籍整体设计构思中。

此阶段已进入书籍设计关键环节，为避免过多的反复，需要回顾梳理前期设计，以保证设计的统一和连贯。

4.4.2.2 实训目标

掌握市场调查方法；通过课题内容的学习，充分运用书籍外部结构的基本知识，协调功能与视觉审美、字体组合与文图穿插、个性特征与书籍造型要素的关系，并能够调整好艺术趣味与市场需求之间的比重。

基本完成所选书籍的外部结构设计。

4.4.2.3 实训技能

（1）市场调查方法与技巧。

（2）书面文字表达能力和口头语言表达能力，能清晰有序地说明设计要点、设计进展以及设计方案与市场需求是否一致。

（3）具有与客户交流的能力，熟悉商务基本礼仪和沟通技巧。

4.4.2.4 实训程序

（1）市场需求调查。

（2）书籍外部结构设计。

（3）学生三人一组，每人轮流介绍自己的书籍外部结构设计，其余两人担当评委点评，学生综合同学意见修改完善设计。

（4）教师和设计公司职业设计师代表对学生设计成果进行评价。

4.4.3 实训考评

学生制作PPT，对设计方案进行介绍说明。教师和职业设计师根据实训模块任务要求和课题目标按下表评价标准，对学生实训情况进行评分。

知识拓展

书籍装帧
设计常用
图片格式

课题4实训评价表

学生姓名：＿＿＿＿＿＿　作品名称：＿＿＿＿＿＿　评分教师：＿＿＿＿＿＿　评分设计师：＿＿＿＿＿＿

项次	评价标准	分值	教师评分（60%）	设计师评分（40%）	得分
1	各外部结构与书籍主题协调统一	20			
2	读者对象明晰	10			
3	外部结构设计有利于阅读和方便携带	15			
4	有成本和定价方面的考虑，并提出核算依据	15			
5	在印刷工艺、材料和装订方面有系统考虑	15			
6	外部结构与艺术效果之间的关联紧密	15			
7	在外部结构设计创新方面有所突破	10			
	合计	100			

课题5　相得益彰——书籍内部零页设计

5.1　课题提要

5.1.1　课题目标

5.1.1.1　思政目标

"不积跬步，无以至千里"，"合于桑林之舞，乃中经首之会"，方达"游刃有余"。通过对书籍的封面、零页设计的实践操作，让学生感受到传统设计制作中所倡导的"细节"，以及小中见大、细致入微的设计态度。

5.1.1.2　专业目标

通过书籍的封面、零页设计实践，感受书籍制作中所要求的心手协调的一致性，掌握相关技能、技巧，培养实现主题目标的设计把控能力；对内部零页的功能进行透彻和细致入微的认识理解，进一步加强书籍装帧设计的"整体"意识，并在具体书籍设计实践中予以体现。

5.1.2　课题要求

熟悉零页设计的内容和要点，认识到零页设计关乎设计的细节，充分重视零页设计，做到"尽精微，致广大"。

5.1.3　课题重点

在主题的统领下与其他设计同步进行，精心构思零页设计，在风格统一的前提下做到有创新、有特点、有个性。

5.1.4　课题路线

学习书籍零页设计相关知识→结合前期课程学习，对零页设计进行深入思考、认识→课题设计实训→提前预习下一课题内容。

5.2　课题解读

书籍零页设计虽缺乏外部结构设计的色彩与丰富性，在设计中往往易被忽视，但却是书籍装帧设计的有机组成部分，发挥着独特的作用，因此必须悉心对待、均衡设置，使其与其他要素相得益彰、浑然一体（图5.1~图5.3）。

5.2.1　勒口

勒口是指封面和封底外切口处向里折转的延长部分，也称作飘口或书舌。前封面翻口处称为前勒口，封底翻口处称为后勒口。勒口主要起到保护书芯和防止前封面、封底纸张卷曲的作用。以往精装书多采用勒口结构，现在平装书中也常出现勒口来增加书籍的美感。设定勒口尺寸时，宽度一般不少于30mm，以封面、封底宽度的1/3或1/2为宜。勒口在设计时也可以和前封面、封底形成统一的整体设计，这样在装订时，如果出现了书脊宽度变化等尺寸上的变数，勒口的宽度

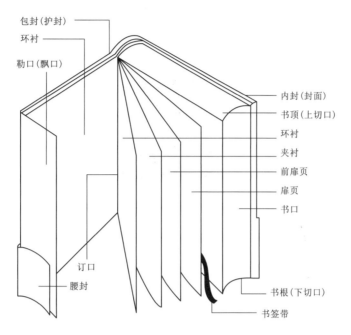

图5.1 书籍零页的构成（王晓固 绘制）

图5.2 零页示例（引自王汀《版式设计》）

图 5.3　零页展示（赵丽 提供）

也可以灵活地随之改变。前勒口通常印有这本书的内容简介或简短的评论。后勒口可以印有作者的简历和肖像，也可以印上作者的其他著作。同时，勒口也可以成为出版社宣传其他书籍特别是这本书同系列书籍的位置（图5.4、图5.5）。

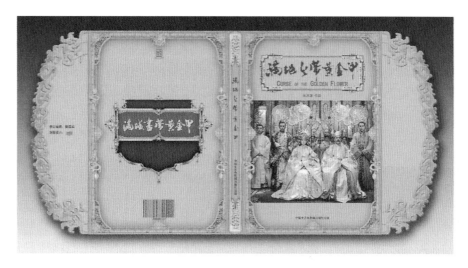

图5.4　模切出的金色中式花纹勒口，显现出奢华和豪气（朱瑞波 提供）

图5.5　勒口与其他要素形成极强的色彩反差和韵律节奏感（朱瑞波 提供）

5.2.2　环衬页

环衬页就犹如中国传统建筑中那个进入房间时首先映入眼帘的玄关，可以不见面地先打个招呼，将人们带入一个你希望看见，但是又不能马上一览无余的陌生又新鲜的空间。

精装书封面与书芯之间，有一张对折连页纸，贴牢书芯的订口和封面的背后，这张纸称之为蝴蝶页，也叫作环衬。蝴蝶页的后面可以添加几张特种纸或有色纸作为环衬，在封面和书芯之间

起过渡作用。把在书芯前的环衬页叫前环衬，书芯后的环衬页叫后环衬。蝴蝶页把书芯和封面连接起来，增强了书籍的牢固性，具有保护书籍的功能。根据实际情况也可以用来题字、签名等。环衬是书籍整体设计的一部分，色彩的明暗和强弱、构图的繁复和简单，应该与护封、封面、扉页、正文等的设计一致，并要求有节奏感。一般书籍前环衬和后环衬的设计是相同的，也就是画面和色彩都是一样的，但也可以根据内容的需要设计不同风格的前后环衬（图5.6、图5.7）。

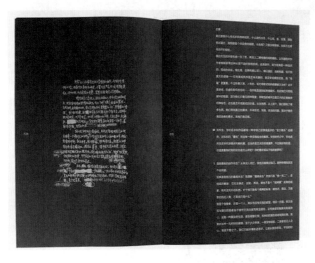

图5.6　环衬页设计示例（吴铁 提供）

图5.7　环衬页"@"的设计处理兼有指向作用（赵农 提供）

5.2.3　扉页

扉页也称为书名页、内封、副封面。在封面或前环衬的后面，有保护正文、重现封面的作用。翻开扉页，就像是打开书籍的门一样进入正文部分。扉页的基本构成是书名、著（译）者姓名和出版社。扉页设计不能脱离书籍设计的整体关系，不宜烦琐，避免与封面产生重叠的感觉。其编排形式应与封面的风格一致，但又要有所区别。一般扉页设计常以对称方式编排，也有以点缀小图插排于扉页中或将插图与文字相结合构成扉页的形式。字体的选择以简洁明快为主，不宜过于繁杂而缺乏统一和秩序感。色彩对比不宜强烈，以接近正文的黑白色为主调，一般不超过两色，目的是使读者心理逐渐平静下来并进入正文阅读状态。这是从色彩到黑白的过渡，也是视觉心理引导的过程（图5.8）。

图5.8　扉页用虫子爬行的痕迹做底，右上角的蜘蛛似在向正文过渡（最美的书评委会）

5.2.4 版权页

版权页设置在扉页的后面，也有的设置在书籍的最后一页。内容一般包括图书在版编目
(CIP)数据、书名、丛书名、编者、著者、译者、出版发行者的名称及地点、印刷者、开本、印
张、字数、出版时间、版次、印次、印数、国家统一书号和定价等。版权页是国家出版主管部门
检查出版计划情况的统计资料，具有版权法律意义。版权页的版式没有定式，也有放在封底前面
的。大多数图书版权页的字号小于正文字号，版面设计简洁（图5.9）。

5.2.5 序言

序言是指著作者或他人为阐明撰写该书的意义而附在正文之前的短文。也有附在书尾后面
的，称之为后语页或后记、跋、编后语等。不论什么名称，其作用都是向读者交代出书的意图、
编著的经过，强调重要的观点或感谢参与工作的人等（图5.10）。

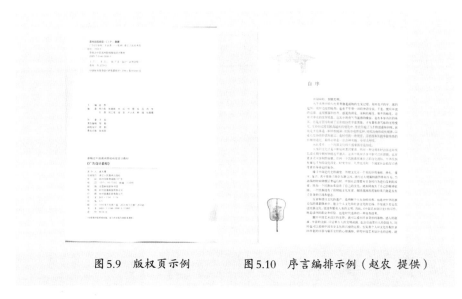

图 5.9　版权页示例　　　　图 5.10　序言编排示例（赵农 提供）

5.2.6 目录页

目录又叫目次，是全书内容的集中体现。它摘录了全书各章节标题，表示全书结构层次，方便
读者检索和快速阅览内容。目录中的标题层次较多时，可用不同字体、字号、色彩及逐级缩格等方法
来加以区别，设计要条理分明（图5.11~图5.13）。目录页通常放在扉页或前言的后面、内文的前面。

5.2.7 辑封页

辑封页是书籍正文内的插页，常作为文艺类作品分辑的首页或部、篇的首页，也可作为大部
头书籍或手册的每篇或每章之前的插页，又称"篇章页"。辑封页是书籍各部、篇或章节的分隔，
具有标示作用，能使读者的视线得以暂停或休息，设计要求简洁大方、装饰感强，画面效果应与
整体风格相协调，各辑封页之间既要体现连续性，又要有所变化。材料可以运用特殊纸张或特殊
工艺来强化书籍的品质（图5.14、图5.15）。

图 5.11　目录设计示例（最美的书评委会）

图 5.12　目录设计示例（引自王汀《版式设计》）

图 5.13　目录设计示例（引自王汀《版式设计》）

图 5.14　辑封页设计精巧，色彩雅致，线面构图富于变化
（张鹏 提供）

图 5.15　辑封页采用人面鱼纹彩
陶盆图形铺底，让人感觉仿佛
回到了新石器时代（赵农 提供）

5.2.8 正文页

5.2.8.1 版心

版心指书籍、杂志的每一版面上容纳文字、图表的面积。一般不包括页眉、页码和中缝，亦称"版口"。版心四周留出的空白分别称为天头、地脚、内白边和外白边。版面上字和图所占的面积与版面实际大小的比率，称为"版面率"。版面率越大，承载的信息越多；版面率越小，说明信息量越少。版心的大小要根据书的体裁、用途以及阅读的舒适感、版式的美丑、纸张是否节约来设定。版心四周留有较宽的白边，版心会相对缩小，容字量随之减少，不仅可以缓解阅读的疲劳感，也便于读者在版面空白处批注记录心得。但如果留得过多，也会增加书的厚度和重量，造成纸张的浪费。反之，版心四周的白边较小，容字量随之增加，可以节约版面。但如果版心过大，不仅会影响版面的视觉美感，还会使读者在阅读时产生局促感，有时也会给装订带来不便。因此，对于字、辞典以及年鉴类的工具书，版心可稍大一些，以减少书的厚度和重量。对于理论书籍，版心可稍小一点，以减轻视觉疲劳感。确定版心除考虑开本大小外，还必须考虑书的装订形式。采用无线胶订、骑马订、锁线订的书籍，通常比较薄，书页都能摊开，故版心可适当调宽。采用打孔平订的书籍，一般比较厚，书页摊不平，订眼要占用一定宽度，故版心可适当调窄。版心在版面上的具体位置，均有大致规律。文学书籍一般需要在版心四周留出约2cm宽；摄影杂志等一般只需留出8mm宽，有的甚至将版心扩大到开本以外，不要边框，做成出血版等。

书芯包含书籍的内文部分，对内文字体的选择要遵循清晰、易读、整齐划一的原则。如，宋体及它的一些变体（如细宋体、报宋体），或者是细黑体、细圆体、楷体等都是正文的常用字体。其中，宋体笔画刚柔相济，清新秀丽，阅读起来最省目力，是多数图书正文采用的基本字体。楷体柔和悦目，适用于诗词、文学以及幼龄读物。细黑体端庄稳重，简练时尚，是目前许多艺术、时尚类读物的常用字体。内文的编排有横排和竖排两种基本排列形式。竖排一般适用于古籍类书籍。横排的形式则大量用于各类书籍。因为横排比竖排更能适应人眼的生理机能，更方便阅读。书籍的内文版式设计要从保护读者视力出发，字行的长度要适当，一般以80~105mm为宜，如果字行长度达到120mm，阅读的效率就会降低5%。

横排形式可分单栏、双栏、多栏（三栏以上）。

单栏也称统栏，即版心不作纵向分隔，每行文字均从版心的左边一直排到版心的右边。这种排式因行长较长，所以用字字号不能太小，如果字号太小，每行所排字数过多，就会造成阅读时因视力疲劳度增大而产生跳行等现象，一般32开本的书籍都采用单栏排版的方式。

双栏，即将版心纵向分隔成两栏。这种排式因行长缩短，用字字号也可相对变小，使版心获得了尽可能多的图文容纳量。工具书、图书辅文中的索引等多用这种排式。16开本或更大开本的书籍，如果用5号字或小5号字就应排成双栏，"序言""编后记"等不宜采用双栏排的版式，可以改大号字排或将版心适当缩小。

多栏是在书籍开本相对较大而用字号数相对较小的条件下所使用的排式。多用于大型开本的

工具书、资料书等。辞典、手册、年鉴等也应采用分栏排，或双栏或多栏。诗歌的排式一般为每分句行排，由于每行字字数不多容易使版式偏于一方，要使它更匀称，就要依据开本和句式长短来确定。

内文字距、行距的加大或缩小都会影响正文的阅读与美观。一般情况下，行距至少要大于字距，否则阅读时视线会不流畅，出现跳行的现象。行距的宽窄要根据书籍种类、用途、读者群等具体情况来决定。一般供连续阅读的书，行距应适当加宽，短的字行，行距则可以窄一些。少儿类、教科书的行距较大，辞书等工具书行距较小。文字较少的书籍如休闲类、艺术类图书可适当增加字距、行距，使版面疏朗、轻松；篇幅较大、文字量较多、经济小开本型的书籍则要适当缩小字距、行距。

5.2.8.2　章节标题

章节标题是文章之首揭示和概括篇、章、节内容的简练文字。标题是书籍正文版式中的点睛之笔，设计考究的篇、章、节能创造出极具艺术魅力的版式空间。一般来说，书籍都会有许多等级的标题，标题的字号、字体要依据书的类别、开本、标题等级，遵循字号大小有序、字体轻重相间的原则来选择。篇、章、节通常以从大字号到小字号的顺序来区分标题的层次，这样能造成视觉上由强至弱的梯次感。标题字号大小与正文字号大小的比率叫跳跃率。跳跃率高，版面较为生动活泼；跳跃率低，版面则庄重规整；设计形式要简洁。标题设计是内文阅读节奏的设计，是方便读者阅读的功能设计，其设计风格要清新自然，不加缀饰。字体方面要注意变化，多用黑体、宋体、圆体等字形，较少用广告体。它的编排要视其文字长短进行字距、行距的调整，以避免版面的紧逼局促、虚实失衡（图5.16）。

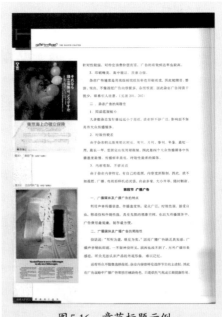

图 5.16　章节标题示例

5.2.8.3　页眉、页码

（1）页眉。页眉是横排在书籍版心上端或下端所排印的篇名、章名、节名或书刊名，多与页码排成行，以便读者翻检，亦称"书眉"。一般来说，篇章节较多的书籍都会排印页眉，通常双页码排篇题，单页码排章题。为了便于检索，字典、词典等工具书的页眉，大多排有部首、笔画、字头等；艺术类、文学类以及儿童类书籍的页眉还可以加入一些简单的图形来装饰，以提高阅读的趣味性。在设计时同样还要保持与书籍风格气质的一致，力求在细节上给读者以视觉享受。

（2）页码。页码是表示书籍页数的数码。它不仅能方便人们检索书中内容，对书籍的序列结构还有连接作用。页码可分为单页码、双页码、正文码、辅文码以及暗页码等。它通常用阿拉伯数字表示，习惯于从正文标起。页码使用的字体变化多样。在设计时应针对书籍的内容性质来选择字体，亦可运用图形、线条对其进行装饰，但都应以简洁、清晰为原则。此外，页码在版面上所处的位置也不是固定的，它通常被排放在版心的右上角和右下角，但现在许多书也将页码排放在版心的左上或左下角，或是版心左右白边的中间部位，甚至是版心里面，在设计时可以根据设计的需要对页码的位置进行调整。

5.2.9　后续页

后续页是指罗列书籍信息的各种页面，通常放在正文之后，其字号比正文文字小，包括参考文献页、后记页、地名索引页、人名索引页等。参考文献页是标出与正文有关的文章、书目、文件并加以注明的专页。后记页多用以说明写作经过或评价内容等，其编排设计与序或导言基本一致。

5.2.10　书签

书签的直接目的是方便阅读。在现代化生活下，书签的功能已不再单一，它不仅体现在帮助阅读方面，还可以成为独立的审美对象出现在人们生活中，增添文化乐趣和艺术价值。

设计应把阅读功能和陶冶情操的功能相结合，实现书籍精神的表达。书签设计来源于书籍文化，两者从内容、形式上在发展的过程中虽有分化，但从本质上一直是息息相关，相辅相成，书签设计同书籍设计一样，取材范围广泛，承载着大量的文化信息，饱含着不同时代的审美取向（图5.17、图5.18）。

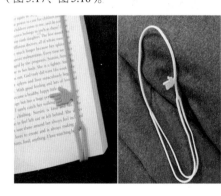 

图5.17　书签设计示例（引自王汀　　　图5.18　书签设计示例（王晓固　提供）
　　　　　《版式设计》）

5.3　案例解析

嘎玛·多吉次仁的《沉默的词》书籍设计

《沉默的词》书籍设计源于文本的启迪，诗歌的向度，敏感、温婉、抒情的叙述。作者对故土

的敬畏，母语情怀、寓意时常梦回故乡的那座山；额吉河、童年许多美好的记忆都是蓝色情怀。选择蓝色不是设计者一时的冲动，是源于蒙古民族对蓝胎记的深刻记忆。每一篇文字独自成章，章与章之间彼此独立，又相互关联，设计者与作者共同破译生命原初密码之神奇与尊贵，凝视人与自然与万物的深情共存，叩问人类精神生命的哲学与诗意向度，追索神灵境界所依托的自由灵魂。

用蓝色协奏曲的方式来表达《沉默的词》的意境，文本在不同节奏中，大面积蓝色章节页、点缀蓝色手迹、更有微妙变化的切口蓝，还有锁线蓝，封面用纸深蓝色、甚至页码的数字颜色都围绕着这个蓝色情怀。封面橘色线条，是为了增加色彩的对比，作为环衬页来一统表现。橘色镶边从线到面会给读者不同的感受，是理性与感性、抒情与激情；是划过蓝色天空的一道彩霞、是蓝色弦乐中跳跃响亮的管乐、也是日常生活中的一条围巾，或是书写文稿的一枝铅笔（图5.19、图5.20）。

（a）封面橙色线段增加了色彩的对比，很有民族特色

（b）大范围的章节页铺张出蓝色的韵律

图5.19　《沉默的词》书籍设计的色彩对比

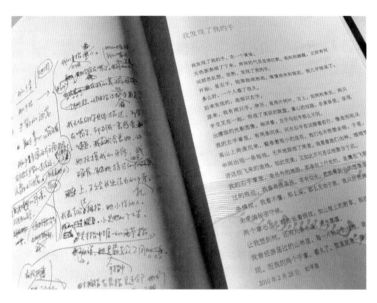

图 5.20 《沉默的词》图书内页中穿插作者的手稿，体现了设计者对全书内涵的深度理解

《沉默的词》最大的亮点是大量运用了作者手稿，以图形的方式穿插在图书内页中，具有文献附加值，读者可以看到作者创作的细节和过程，感受书写的温度。

5.4 课题实训

5.4.1 思考与练习

（1）简述书籍零页各要素的功能与设计要点。

（2）书籍的零页设计怎样与外部结构协调统一且有变化？

（3）书籍的护封、书函设计与产品的外包装设计有何异同点？

（4）简述图形、色彩在页码设计中的运用。

（5）你认为书签除了方便阅读以外，还有什么其他作用？

5.4.2 实训练习

5.4.2.1 实训内容

设计书籍零页。零页设计攸关成书的设计成败，要善始善终，要与每一阶段课题工作相匹配协调。书籍设计整体应风格鲜明、具体可观，构思图连贯且可追溯。在此过程中，可及时征询教师的意见建议，在教师指导下调整和完善零页设计。

最后，按照本课题实训要求，学生口述并展示勒口、环衬页、扉页、目录、版心、页眉、页码、书签等设计作品，应能展现个人设计的特点。

5.4.2.2 实训目标

通过书籍零页设计，提高设计领悟力和审美水平，并掌握科学、有效的研究方法，能够准确、快捷地查阅文献。

5.4.2.3　实训技能

（1）能得心应手地操作电子书设计软件和其他相关设计软件。

（2）具备一定的查阅文献和研究文献的技巧和能力。

（3）良好的语言、文字表达能力和沟通能力。

5.4.2.4　实训程序

（1）学生运用本课题介绍的书籍零页设计知识，完成勒口、环衬页、扉页、版权页、序言、目录页、辑封页、正文页、后续页、书签的设计。

（2）学生制作PPT并汇报，教师对学生设计成果进行评价。

5.4.3　实训考评

零页设计处在动态之中，与书籍设计的发展相同步，不断有新的构成要素出现，需要同学深入挖掘、积极主动去出新出奇，创造性的进行设计。因此，零页工作考评的权重应放在是否在创新方面有所作为。

课题5实训评价表

学生姓名：_____　　　书籍名称：_____　　　评分教师：_____

项次	评价标准	分值	得分
1	书籍零页设计有不少于三点的创新点	25	
2	零页设计各要素的具体应用清晰、明确、合理	15	
3	电子书与纸本书的零页设计区分明晰，符合使用功能要求	15	
4	书签设计富有特色	15	
5	零页设计应用场景不少于三种	10	
6	零页设计对美观性与实用性平衡得当	10	
7	宣传册页的零页设计有助于提高企业的品牌知名度	10	
	合计	100	

课题6 融会贯通——书籍的延展设计

6.1 课题提要

6.1.1 课题目标

6.1.1.1 思政目标

使学生树立融会贯通、由此及彼、相互借鉴的意识，启发、开阔学生视野，培养学生对待工作一丝不苟的敬业态度和精益求精、追求卓越的工匠精神。

6.1.1.2 专业目标

在书籍装帧设计的大概念下，紧密结合市场的新需求、新形式，举一反三、触类旁通，把前面的课题内容与本课题紧密融合，能够主动发挥、积极有效地进行设计。

6.1.2 课题要求

按照创新思维的要求，激发个人的创造力，通过对比联想等艺术手法以现代网络科技为支撑，创新出具有前瞻性和个性化的书籍装帧设计。

6.1.3 课题重点

电子书设计软件操作，概念性书籍设计。

6.1.4 课题路线

熟悉电子书的阅读特点以及设计软件的操作→了解杂志和商业册页的功能及设计要求→熟悉概念书籍的设计价值和意义→提前预习下一课题内容。

微课视频
（思政篇）

匠心恪物
变革图新

微课视频
（专业篇）

融会贯通
——书籍的
延展设计

课题6课件

6.2 课题解读

6.2.1 电子书的发展与设计

电子书又称为E-book，是指将文字、图片、影像等内容以数字化模式显示在手持阅读器中，以电子文件的形式，通过网络下载至一般常见的平台，例如个人计算机、笔记本电脑、移动手机，或是任何可大量储存数字阅读数据的阅读器上。无论是传统油墨印刷，还是由数字信号呈现的文本内容，都是以被阅读为最终需求，不同载体之间的相互借鉴与融合必定会存在和发展，因此未来设计者的一个重要课题就是如何将成熟的传统书籍设计理念导入新型载体，同时创造性地拓展适合数字阅读的设计思路（图6.1）。

6.2.1.1 电子书的优劣势及发展态势

从20世纪90年代开始，电子书就已经引起人们的广泛关注，但由于当时技术的限制以及昂贵的价格，电子书的应用并未得到普及。近年来，网络科技的突飞猛进使电子书快速进入了第四代。从技术角度来看，它基于云端，无需下载就可以实现随时随地极速连接，并且可以全面支持

图文、视频、音频、地理位置、电话、3D、重力感应、智能数据分析识别等交互体验，且电子书普遍应用电子墨水（E-ink）显示技术，不伤眼，令读者的阅读体验达到极致。

图 6.1　电子书示例

1. 电子书的优势

电子书是书籍发展历史上的一次革命，它运用了各种现代高科技成果，在传播、保存、阅读等许多方面有着许多的优势。内容数字化，有利于文化的积累与传播，且能降低图书制作成本，价格便宜，便于携带。

电子书易于更新，能及时纠正错误和增加信息；可超链接，更易于获得附加信息。电子书实现了产品零库存，能够全球同步发行，购买方便快捷；更加环保、节省纸张、减轻地球负担、零树木砍伐量；其人文化的设计可实现阅读无障碍。视障人士可将文本字号增大，可在黑暗中增亮屏幕以利于阅读。

电子书的阅读模式为读者提供了更为多样化的阅读体验，点击、搜索、超链接、即时存储等互动方式让信息的获取更为快捷，界面背景的自主选取、色彩布局的任意变换使得阅读过程更为有趣，而背景音乐、诵读声、动画效果等多媒体的添加更是传统书籍无法企及的。计算机、手机以及电子阅读器的技术不断更新升级，不少产品的宣传语中特别强调产品"更具有纸质阅读的感受"。

2. 电子书的劣势

带有书卷味的卷轴式电子书充分体现了设计要遵循阅读的本质与感受，但是从阅读效果上看，电子文本在便捷阅读的同时造成了深度阅读方面的缺失，读者在巨大信息量的背景下，很难能够静下心来进行大量的深入阅读，通常对于文字内容都是走马观花的浅阅读、碎片化阅读。有研究表明，使用电子设备阅读，眨眼频率将从平时的每分钟20次左右降至每分钟 7次，这会使眼周围的睫状肌持续处于紧张状态；还有看似丰富的多媒体儿童读物，因为代替了文字给予儿童的想象空间，直接呈现给儿童想象的实景，反而容易导致儿童阅读理解度降低。因此，在未来，如何更好地运用设计语言，以更科学的方式引导读者特别是儿童读者的阅读感受，合理、高效地运用辅助技术进行电子书的创新与设计，仍需要设计者不断学习，更新自己的知识结构，更需要设计者从阅读本质出发，合理而有节制地使用新技术。

3.电子书的发展态势

（1）黑白→彩色、静态→动态→柔性（可折叠）、太阳能。

（2）彩色显示，动态显示，显示速度提高；任意折叠柔性纸；双面显示，多屏重叠阅读；电子阅读器之间内容无线传输等。

（3）外形与现在的纸质书籍相差无几，加上"双面显示，多屏重叠阅读"的技术，将会形成与纸本书籍互为补充、交映生辉的格局。

（4）人工智能为电子书籍的互动体验提供有力的技术支撑，人类阅读以后将变得更加便捷、舒适、高效，这是电子书未来发展的重要趋势之一。

6.2.1.2 电子书与感官设计

现阶段，电子书的设计主要体现在封面设计上。在一次"数字图书的设计与出版"的活动上，书籍设计师戈德堡提出："电子书及其流式版面的统一性，是对美学的恶劣冒犯，以及在为数字读物做装帧设计时，所涉及的专业术语与纸质版迥然不同，或许其设计思维模式也应该是截然分开的。如果硬生生地将纸质版的设计转换为数字格式可能无法呈现出理想的效果。"

数字技术的光速发展给时间和空间赋予了一个全新的可能性，为书籍装帧设计带来了历史性的转变和革命性的变化。图书格式的转变为书籍装帧设计工作赋予了新的活力，电子书的封面应该打破纸质书的思维，充分利用数字版的动态和交互的优势。自从人们开始以数字计算机平台为载体进行艺术创作活动后，可以说是彻底地开启了艺术设计的新时代，人们在任何时间、任何地点都能享受到数字技术带来的便利，使得设计师们很多天马行空的创意不再被技术束缚，存在被实现的可能性，最终能够创作出越来越多的高水平作品。

电子书既能做到对传统艺术形态的继承，又能通过数字技术实现全新的艺术形态，使各种艺术形态相互融合，让纸质书的设计美感和视觉个性在数字空间得以保留。但是，现在大部分的电子书设计还是只停留在对于传统纸质书的复制，只是把文字从纸面上搬进了屏幕里，这相当于只是把电子书当作了传统纸质书的一个数字化版本，并没有完全发挥出它始于数字媒体设备所能呈现的全部优势。总而言之，电子书的视觉设计才刚刚开始，在视觉设计这方面，设计人员还需要深化研究，继续探索（图6.2、图6.3）。

图 6.2　电子书刊创想图　　　　图 6.3　电子书籍创想图

6.2.2　杂志的种类、特征及设计表现

杉浦康平先生对"杂志"有这样唯美的表述："杂志是时令……月月兴旋风，季季响惊雷……"，"杂志是梦……出人意表，承载祝祭……"。杂志是以期刊的形式出现的，它是有一定时间限定的，具有强烈的节奏感、时尚感。主要分月刊、双月刊、季刊。杂志每一期都有一定的连续性和统一性，每一期的"有效期"都在它的定期范围内。开本一般多为16开或32开，平装居多。

6.2.2.1　杂志的种类

以杂志的内容来分，有以下几种。

（1）文艺类。包括绘画、文学、诗歌、音乐、戏剧、电视、电影、旅游、摄影、艺术设计等。

（2）社会科学类。包括历史学、民族学、经济学、法学、宗教学、语言学等。

（3）自然科学类。包括天文学、地理学、生理学、数学、物理、化学、气象学、医学、能源、农业等。

（4）综合类。包括民间文化、天文地理、化妆、饮食、汽车、养花养鱼、钓鱼、娱乐等，信息量大，内容很丰富。

6.2.2.2　杂志的特征

杂志的突出特点是文本所占比例较小，内容侧重日常生活的审美体验和消费体验，文字优美不艰深；大量的图片迎合了现代社会的快节奏，阅读者无须费力思考便获得信息。这些特性使杂志广为各阶层所接受。

（1）读者层次高。研究表明，杂志读者整体文化水准、工资收入及生活品位均高于电视观众。在电视、广播、报纸、杂志和网络这五大媒体中，杂志的费用比其他媒体昂贵得多，因为办刊方向是经过高度过滤的，所以杂志的读者一般都具有较高的文化修养。

（2）目标人群准。一般来说，杂志拥有自己的办刊宗旨，也就有着明确的读者群。读者群相对单一，便于有针对性地选择目标对象，诉求与读者群文化及专业素养易于把握，易于被理解，因而认同性高。杂志多为自费订阅，其个人消费性较强的内容就直接锁定了读者的生活形态和品味。

（3）印刷质量好。杂志一般都以铜版纸配彩色印刷，图片量比文字量大，要求印刷工艺要高。优质的纸张不仅有细腻的手感，而且还有听觉的乐感。只有在高新印刷技术的条件下，设计人员才能将一些精致的图片和文字付诸实现，促使杂志保持高格调、高亲和度的欣赏价值。

（4）保存时间长。杂志有针对性的专题文章较多，在读者中具有一定的权威性。读者不仅会仔细阅读，有些甚至阅读两到三遍不等，因而花费的阅读时间比报纸读者长。据研究调查中了解到，读者对一本典型杂志通常会花三天的时间翻阅，实际投入60分钟至90分钟的时间。多数杂志被完好地保存下来，以供日后再读。

6.2.2.3 杂志的设计与表现

杂志的封面设计与一般的书籍封面设计有很大的不同，在形式上多样化，在内容上更反映当时社会的时尚生活，也反映时代的变迁。杂志的封面因每期内容不同而变化。杂志的制作设计的时间比较短，从设计到印刷一般就15天的时间（如果是双月刊或季刊，时间会长一些），印刷周期短，所以封面在材料的选择上较为单一，一般用铜版纸（但有的也会采用少量的特种纸），在装订上用"骑马订"为多，设计上常常采用彩色图片与文字相结合的版式设计。

读者在翻阅杂志时，几乎可以从任何一页开始，可能每一页都有一个新的主题、完整的版式结构，即独立的标题、内文、插图，同时版式又具有前后连续性。杂志版式设计的元素看似比较复杂，但归纳起来主要由封面、封底，前言、目录，专题栏目，刊眉、页码，内文栏框，色彩、图形等组成。

1. 封面、封底

封面往往涵盖杂志的整体特征，每种类型的杂志封面都有其独特的视觉样式，封面往往与杂志的风格相一致。杂志为吸引读者的注意力，通常用大号彩色字体突现杂志的名称，除专业类杂志为表现其严谨性，采用比较正规、严肃的字体外，其他杂志采用的字体一般比较活跃。特别是一些娱乐性杂志，字体更是具有轻松活泼、节奏感强、大小比例对比强的特点。封面其余的空间以不同大小的标题填充。封面作为一种特定的信息符号，是集整体形象、特征、信息、文化于一体的综合与浓缩，它在品牌的形成、发展、繁衍和扩散中占有十分重要的作用。有调查显示，在购买杂志的读者中，因对封面产生兴趣而发生购买行为的比例达46%之多。封底一般都刊登一些广告或赞助商的信息，以及本刊国内外邮发代号等。但对于一些有品位的杂志来说，更热衷于将封面与封底关联起来。如封面呈正面形象，封底则是背面形象，或将封面的版面浓缩在封底中，形成一种有趣的节奏。杂志封面也越来越多地运用插图形式，插图的介入是打破常规的方法之一，插图以富于艺术性的个性化因素，能突出强调期刊的品位与格调（图6.4~图6.8）。

图6.4　杉浦康平先生拆解
大宋体笔画形成封面，渗透出
含蓄和精巧的美感

图6.5　封面用人物动作体现
出张力和活力，富于时尚
气息（赵丽 提供）

图6.6　行色匆匆、身影憧憧，
给人以不安和神秘感（引自
宋新娟等《书籍装帧设计》）

图6.7　设计简洁明快，图形、色彩相互交织渗透，
封面、封底动静相宜（吴铁 提供）

图6.8　封面的中国吉庆图形与封底国内外建
筑造型形成对比（引自《新视角》杂志）

2.前言、目录

　　前言指的是卷首语、开场白、绪论或是"写在前面的话"之类，恰似编者与读者面对面的心灵交流。前言往往是整本杂志的思想概括或延伸，更多的是表达发行人的思想感情，也可以是编者致以读者的问候，通常刊载在书刊的第二或第三页上。前言还有以下称谓：导言、序言、编者按、出版说明、内容简介、发行人感言等。一般是畅想当前时势及评述本书重点内容的看点，语调比较富于鼓舞性（图6.9、图6.10）。

　　目录是杂志的目次、序列，它显示出结构层次的先后。目录对于读者来说有特别的吸引力，因为大多数读者都首先翻到这一页，寻找与自己相关的内容，它是整本书刊的开篇，整体格调的展示。目录的编排式样一定要符合人们的审美，可读性强，扮演好阅读的导航者、信息的传播者及审美情感的释放者。

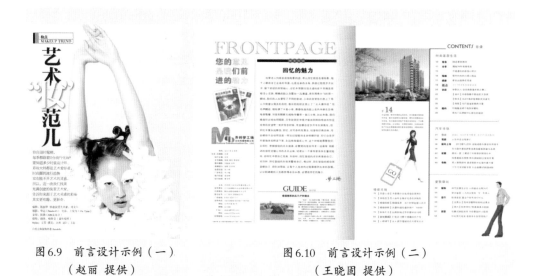

图6.9　前言设计示例（一）
（赵丽 提供）

图6.10　前言设计示例（二）
（王晓固 提供）

　　前言与目录主要是由纯文字构成的，为了将抽象的文字思维活动通过版式设计变得更易体会，文字与图形的对话是必不可少的（图6.11、图6.12）。

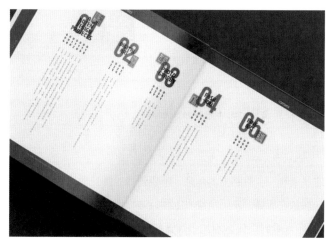

图6.11　目录设计示例（一）
（王晓固 提供）

图6.12　目录设计示例（二）
（朱瑞波 拍摄）

3.专题栏目

　　杂志是由一个个专题栏目构成的。专题栏目在制作、设计和排列上都很讲究，如栏目的字体、字号的变化，排列形式的变化，组合区的形状类型变化，装饰形式的变化，专题与内文之间在版面上的布局和组合的变化等，而专题栏目中生动、简洁的语言等也能够吸引读者。专题栏目是杂志内容中最显眼的部分，可让读者先睹为快，以最快的速度和最快捷的方式了解本文的主要

内容，对其有一定宏观上的认识，因此专题栏目能对后面的阅读起到引领和指导的作用。专题栏目是杂志内容的核心提示，旨在将内涵的观念与特性等以简洁的文字醒目地加以提示，它不仅是设计主体的反映，而且参与版式设计的视觉引导，它将主体绝妙动人地传达给受众，十分有助于提高读者的阅读兴趣（图6.13）。

图6.13　专题栏目设计示例（朱瑞波　提供）

4.刊眉、页码

刊眉也即杂志版面的刊标题，它扮演着一个引路人的角色，带领读者的目光翻阅查找，为读者提供快速浏览的索引功能。书眉一般放在版面的左上角或右上角，这样读者在翻找书刊时无须全部打开，只要露出不到三分之一面即可看到页码，增加了翻查的速度。刊眉一般由纯文字组成，可横排也可竖排，始终强调清晰、明确。对字体大小的选用，从头至尾都是统一的，页码是阅读杂志时的定位基础，是任何杂志中最基本的功能构件。读者通过页码查找内容，准确到位。页码可以是双页码或单页码，一般采用阿拉伯数字，个别的也采用中文大写数字或图形符号，放在左下角或右下角，在可读性的前提下，也有放在中间的。

刊眉一般是以文字为主，页码则是由数字符号组成。刊眉、页码在杂志设计中所占比例不大，但往往这个细节可形成视觉的亮点，同时也能更好地提高版式设计的艺术格调。将刊眉、页码以组构群集的形态出现，将看似不相干的文字与数字元素并列组合在一起，不仅可以产生视觉上的整体美与协调美，同时还能加强刊眉、页码的视觉张力（图6.14、图6.15）。

图6.14 刊眉设计参考图（王晓固 提供）

图6.15 页码设计参考图
（王晓固 提供）

5.内文

　　文字是承载杂志内容的主体。每期的杂志都有一个主题，杂志中的内文编排是指将由许多文字所形成的句子或文章有序地、有疏密对比地编排，使读者在阅读时有一个导向性，从而使阅读变得畅快、轻松愉悦。杂志在文字编排上讲究与图片配合，利用图片造成冲击力吸引读者阅读。内文不仅是杂志的声音，更是要由阅读内文带来时间上的流动与思考行为。

杂志一般将内文分成两栏、三栏不等，根据人的视觉心理，这是比较合理的阅读节奏。但对于有个性的杂志而言，在整个编辑、编排上都是按照特定读者的需要来做的，所以会打破以往的刻板式分栏的做法，具有较大的信息量；由于栏目内容比较自由，也就给设计者带来更宽泛的展示舞台。在设计者手中，这些栏框不一定按规则设置，可以任意支配，它可以插入文中，也可以叠入图片里，不只限于平面，也可以立体，总之，要视杂志内容与设计的需要进行灵活处理（图6.16）。

图 6.16　内文设计示例（朱瑞波　提供）

6.色彩、图形

杂志色彩设计一般要明快，对比强烈。因杂志有其固定的编辑方向，所以它具有系列性，杂志会整体规划一年的杂志色彩，但每一期的色彩又会有所区别。色彩可体现编辑的方向特征，也可体现杂志的形象，读者常常会通过色彩来辨认其要选择的杂志，色彩同时也传达着杂志的形象特征。

图形具有超越国界和超越语言障碍的优势，可以直接传播信息、交流思想。图形是杂志消费文化体现的重要元素，图形在杂志中充当设计的语言，是会说话的工具，视觉传达速度快，更加适合现代社会生活节奏。图形是引起注意力和记忆的高效手段。图形将文字所深藏的内蕴借助图像化以直观的形象表述，引导读者对文本进行阅读，使文字表达和意义更趋于直观感性化（图6.17~图6.20）。

图6.17 红色的背景、红色的裤子、白色的衬衣，向前跨越的女孩，给人以憧憬和欢快感

图6.18 时尚画风，新潮的美感（赵丽 提供）

图6.19 不同颜色、形状的鞋子摆放在建筑屋顶上，以夸张幽默的手法表现鞋类专卖店（朱瑞波 提供）

图6.20 看上去像一幅色彩构成作品，图形抽象、简洁，给人以清新、雅致、静谧的感受（赵丽 提供）

6.2.3 商业册页的类别、构成及设计特点

商业册页，即商业广告宣传册，也称DM，简称"册页"，是某个组织或公司为了宣传推销其产品或服务而制作的宣传品，主要是介绍这种产品或服务的质量和特性，以营销为目的。商业册

页是商业贸易活动中的重要媒介，是生产厂家、经销商和消费者之间的媒介及桥梁。册页具有针对性、独立性和整体性的特点，是以一个完整的宣传形式，在一定销售季节或流行期，向有关企业和人员邮寄，在展销会、洽谈会上针对购买货物的消费者进行分发、赠送，以扩大企业、商品的知名度和美誉度。

6.2.3.1　册页设计的作用

册页设计应真实反映商品、劳务和形象信息等内容，清楚明了地介绍企业、公司的风貌，使其成为企业产品与消费者在市场营销活动和公关活动中的重要媒介。

6.2.3.2　册页的类别

册页根据不同的内容和不同的表达目的、表现方式，可归纳为以下几类。

（1）公司、企业册页。公司、企业册页的内容包括介绍公司、企业的形象与功能，说明其产品、服务及业务范围等，对外用于展示公司、企业形象，宣传产品或服务，树立品牌；对内用于加强内部组织管理、建立企业文化等（图6.21）。

图6.21　企业册页示例

（2）零售商册页。零售商册页的内容主要是服装、装饰品、家具、日用百货、五金等产品的介绍。因各行业的不同，设计具有多样化的特点（图6.22）。

（3）教育文化机构册页。教育文化机构册页主要以介绍教育文化服务内容、功能为主，强调教育的智能性、教育研究的方向的类别，包括对教学环境、教学设备、机构地点、机构交通等教育环境影响因素的说明（图6.23）。它主要利用教育品牌、教育方法、生活方式等吸引学生，并促进学生和老师的交流。

图6.22 零售商册页示例

图6.23 教育文化机构册页展示

（4）旅游与旅行册页。旅游与旅行册页以旅游业内容为主，将名胜古迹、自然地域、风土人情、语言文化等以图片、文字等视觉化元素加以表现，通过介绍旅游景观、旅行图信息来激发人们的旅游兴趣（图6.24）。

图6.24　旅游与旅行册页展示（朱瑞波 提供）

（5）公益类册页。公益类册页（图6.25）以公共利益为目的，通过吸引大众关注、参与社会活动，如无偿献血、环境保护、艾滋病预防、行车安全、器官捐献等，进而营造和谐、美好的社会氛围。

图6.25　公益类册页展示

6.2.3.3　册页设计的内容构成

无论是哪一种商业册页设计，其最终目的都是为了帮助客户推销产品，促进销售。册页是以视觉形象向大众传达产品信息，并号召受众采取购买行动，因而必须具备以下内容，以具备说服力。

1.品名

品名即产品的名称，也就是说什么品牌的什么产品，如"某某楼盘"，使消费者在购买时清楚知道是哪个开发商，开发楼盘的地段、周边环境、配套设施、绿化以及在社会上的反响，以达到迅速传播信息和促使购买的目的。

2.商标

商标是企业注册了的标志，受国家法律的保护，它能让受众很快识别商品或服务来源于哪家企业。产品同质化情况下，受众往往凭借对企业形象的偏爱与信任而购买产品，就是先从视觉上来识别图像化的企业符号——商标，然后才从心理上确定产品的地位。

3.广告口号

广告口号也称作广告语，是企业及产品理念的提炼和浓缩，通常不宜超过20个字，超出20个字就会减弱冲击力和记忆度。册页广告很重视广告语，好的广告语既要朗朗上口，又要言简意赅。

4.形象

册页中的构图元素、产品形象、线框色彩等都可称为形象，它可以是具象的，也可以是抽象的。产品图片一定要清晰，实物照片是最合适的（图6.26），如果受众不能清楚地看到产品，就会影响购买决策。

图6.26 册页设计示例（朱瑞波 提供）

5.文字

文字包括册页的内容及产品说明，受众只会在他能找到一些感兴趣的信息时才会读它，所以在撰写文字时候一定要找到消费者的兴趣点。此外，挑选字体与设计也是相当重要的一环。一般来说，宋体秀丽，让受众有一种亲和感，常作为内文出现；而黑体醒目，能使产品引人注目，多用于标题。但设计中不要同时采用三种以上的字体，最好在宋体与黑体中采用粗、中、细以及拉

长、压扁或倾斜等形式，这样同样有出其不意的视觉效果。

6.2.3.4 册页设计要点

1.开本

册页的开本很自由，可由设计者任意发挥。常见的有32开、24开、16开、8开等，还有采用长条开本和经折叠后形成的新形式。开本大的利于张贴，开本小的利于邮寄、携带。而册页一般采用A3与A4纸，但不能小于B5纸，再从中裁切出理想的开本。

2.纸张

册页用纸可从两个方面取材：一是采用广告招贴或其他指定开本的印制产品所剩，尽量就地取材、变废为宝；二是用市场上供应的纸。一般来说，普通纸的纸质强韧，耐折度与耐磨度高，如铜版纸、卡纸、玻璃卡、牛皮纸、瓦楞纸等。特种纸是专为特殊需要而制造的，其性能也各不相同，如感光纸、烫金纸、绢纸、羊皮纸等。艺术纸类是经过比较精细的印刷工艺或特殊纸质制作的，如刚古纸、康戴里、协茂纸、浮雕纸、水印图案纸等。

用荧光纸能创造出独具时尚感的格调，因它能最大化地利用色彩来体现设计者想获得的效果，但不可多用，有道是：画龙点睛者妙，画蛇添足者笑。并不是一定要采用昂贵的纸张才能提高设计的水准，廉价纸张也能创造个性化的外观，主要是把握好主题内涵。

3.造型

册页并没有特殊的视觉样式，设计形式也无太多法则，可视具体情况灵活掌握，自由发挥，出奇制胜。只要能极尽所能显现个性特征，以及适于邮寄或发放即可。在整体的统一安排下，更注重变化多端的构造形式。从单纯的平面展开演化为多种异型处理方式，打破以往方形的固有模式；从对折展开演化为多折展开；从单向展开演化为多向展开；从平面形式转化为三维立体构成，促使其呈现出丰富多彩的外在形态，达到吸引人的设计效果。

折叠方法主要有"平行折"和"垂直折"两种。"平行折"即每一次折叠都以平行的方向去折，如一张六个页数的折纸，将一张纸分为三份，左、右两边在一面向内折入，称为"折荷包"；左边向内折、右边向反面折，称为"折风琴"。六页以上的风琴式折法称为"反复折"，也是一种常见的折法，并由此演化出多种形式。垂直折可变化为帐篷式折叠和门形折叠等，也可以参考包装结构中的盒式结构与袋式结构及套式结构等。应充分考虑其折叠方式的尺寸大小、实际重量，以方便邮寄为宜（图6.27~图6.29）。

4.特色制作

富有个性的册页都重在创意制作，这种制作效果是由设计者的良苦用心与受众积极参与互动来完成的，是将平面转换成立体的过程。通常是由设计者在上拟定好可折叠的虚线，受众按照上面的牵引折叠出成品。特色制作能凸现三维效果，因为册页的纸张厚度与重叠的特殊处理，更能产生立体空间层次，创造平面制作无法完成的视觉与触摸效果（图6.30、图6.31）。

图6.27 折页设计（一）（张鹏 拍摄）

图6.28 折页设计（二）（张鹏 拍摄）

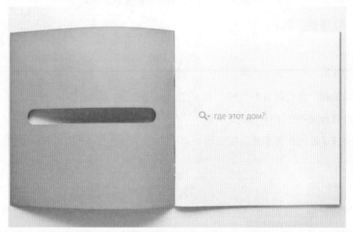

图6.29 折页设计（三）（王晓固 拍摄）

图6.30 特色折页设计（一）
（吴铁 提供）

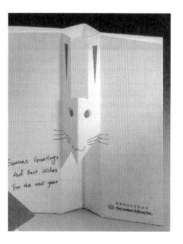

图6.31 特色折页设计（二）
（引自王汀《版式设计》）

5.材料

材料一般可分为触觉材料和视觉材料，即自然材料和人工材料。自然材料即自然界中的材料，具有天然纹理；而人工材料则是人工合成的具有自然物质表面纹理的材料，往往需要借助工具、材料、工艺等手段制成，是对自然材料的一种再创造。自然材料与人工材料的区别可理解为前者通过"实际融模"、后者通过"视觉融模"来获得对材料的感觉经验。人工材料往往能制造出类似自然形态的肌理效果，如凹凸、揉捏、拼贴、拓印及岁月斑驳等表面要素，是册页设计中重要的构成要素。材料在册页设计中的运用，使作品具有丰富层次感的视觉效果，并在很大程度上成为设计者表现情趣、宣泄感情的一种载体。材料的合理运用不仅扩展了视觉及心理空间，而且使设计作品更具有人情味和亲和力（图6.32）。

图6.32 材料折页设计示例（朱瑞波 提供）

6.图形

图形在册页设计中占很大的比重，因为图形能具体而直接地把产品特征表现出来，在设计构成要素中易形成独特的风格，是吸引视觉的重要元素。图形表现需要智慧的火花、联想与灵感的叠加。优秀的图形表现可以有效地提升册页设计的效果。图形表现是一种视觉传达的表现形式，要在几秒钟之内把人们的注意力吸引住，这要求设计者采用既准确到位又独特的图形表现策略。配图时，应多选择与所传递信息有强烈关联的图形，并借助色彩的魅力，刺激观者的感官，加深观者的记忆，此外，好的图形应注意向纵深拓展，形成系列，以积累宣传效应（图6.33）。

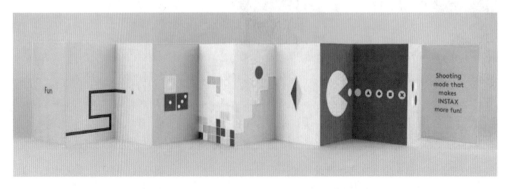

图6.33 册页设计中的图形运用（赵丽 提供）

7.整体性

册页在外部结构上十分注重整体设计的配合，从版式中的文字、图像到纸质肌理选择，都具备有机的内在联系，有主有次，重点突出，相互呼应，构成统一的整体。

在确定了新颖别致、美观、实用的开本和折叠方式的基础上，册页封面版式设计要抓住产品的特点，不论是运用逼真的摄影还是其他表现形式，其品名、商标及企业名称、联系地址等都要明确，并以艺术形象表现来吸引受众。内页的设计要详细地反映与产品相关的内容，并且做到图文并茂。对于复杂的图文，要讲究排列的秩序性，并突出重点，使文图具备形式、内容的连贯性和整体性，力争统一风格，紧扣主题（图6.34）。

图6.34 册页设计的整体性（赵丽 拍摄）

6.2.4 插图的概念及其设计要点

插图，从广义上说，是指一切给文字的附图，主要作用是解释文字内容。插于文字之间，与文字互相说明，图文并茂，对读者有很大的吸引力。自从有了文字就有了书籍，有了书籍就有了插图，书籍插图是随着文字的出现而出现的。鲁迅先生在《"连环画"辩护》中曾对书籍插图作这样的论述："书籍的插图，原意是在装饰书籍，增加读者的兴趣，但那力量，能补助文字之所不及，所以也是一种宣传画。"

6.2.4.1 插图的内涵

中国插图有着悠久的历史。清代叶德辉在《书林清话》中云："吾谓古人以图书并称，凡有书必有图。"张守义和刘丰杰在《插图艺术欣赏》中对插图作了新的概括："书籍的基础是文字，文字是一种信息载体，书籍则是文字的载体，它们共同记录着人类文明的成果，从而传递知识和信息。书籍插图及其他绘画也是一种信息载体，在科学意义上，它和文字一样，都是以光信号的形态作用于知觉和思维，从而产生信息效应的。"图腾文化是人类最古老、最奇特的文化现象之一，它对后世文化影响很大，图画、象形文字都源于图腾。图腾可以理解成最古老的图画，是绘画的雏形或萌芽，不但影响着人们的思想，而且影响着后世绘画和插图的发展。从战国楚墓中的帛画插图到现代用计算机合成的影像插图，从古埃及的壁画插图到现代意象性和个性插图，插图经过漫长的文化洗礼，现已成为人们生活不可缺少的一部分，对人们的生活更是产生重大的影响（图6.35~图6.37）。

图6.35　长沙陈家大山楚墓中的"插图"——《人物龙凤帛画》

图6.36　古埃及法老墓中的"插图"

图6.37　时尚、个性张扬的插图设计（朱瑞波 提供）

6.2.4.2　插图的外延

插图作为一种造型艺术形式，运用图形对文字所表达的思想内容作艺术的解释，因此，插图必须包含创作因素、主观意念，具备审美意识。从现代设计观念来认识，插图是一种感官传达形式，也可以说是一种信息传播的媒体。提及插图，人们首先想到它与书籍的关系，事实上，现代插图的应用范围十分宽泛，从形式和风格到题材和内容都发生了很大变化。插图除了应用于书籍设计，还已经广泛地应用于社会经济消费领域，拓展于商业活动、工业产品、展示、影视等诸多方面，这种拓展大大丰富了插图的含义。

插图艺术形式的演变，实际上与绘制工具、绘制材料、印刷方法、印刷材料密不可分。以书籍的产生、发展为例，先是手绘、而后发明了雕版，再是活字印刷。从木刻活字到铸造铅字，现在已逐渐摒弃铅字而代之以激光照相排字、电脑排版，插图的样式也因印刷工艺的发展而呈现出多样化、多形式、多风格的趋向。从手绘、雕版到电子分色、彩色胶印的飞跃，极大地解放了对插图画家的束缚。从较单一的黑白版画式的限制到可将其他绘画形式如水彩、水粉、油画、水墨等自由地运用到插图创作中去。绘制工具的发展，打破了绘制插图只能用笔的老框框，现代科技及其辅助工具的介入使插图艺术形式更是多样化，可谓精彩纷呈，五彩缤纷。

6.2.4.3　插图的形式

1.手绘插图

手绘插图指的是通过手工绘画来表现书籍插图。插图的发展、繁荣与杂志的出版息息相关，从19世纪末期到第二次世界大战，杂志渐渐成为民众的主要娱乐方式，人们最喜欢的业余活动就是阅读杂志。这时期是杂志的黄金时期，众多的杂志需要大量的插图，使插图的发展也进入黄金时期。直到第二次世界大战后，电视慢慢取代了杂志的地位，摄影作品也慢慢取代手工插图的地位，书刊手工插图开始走向式微（图6.38~图6.41）。

图6.38　手法大胆、夸张、变形，
主题意味浓厚（朱瑞波　提供）

图6.39　水墨渲染出的江南民居建筑，
清新而明媚（朱瑞波　提供）

图6.40　版画刻画的北方乡村人物形象，
手法刚劲有力（朱瑞波　提供）

图6.41　表现洗练、简洁，乍看上去诙谐风趣，
实则寓意深远（朱瑞波　提供）

2.电脑合成插图

使用电脑可以直接绘制插图或影像图片，经过电脑处理也可组成插图，现在很多书籍插图也都是经电脑排版印刷，所以现代书籍插图更多是手绘和电脑结合制作的插图（图6.42~图6.45）。

图6.42　童话世界景色旖旎，动植物形态优美动人，
设计手法细腻别致（张静 提供）

图6.43　极简概括，呈弧形中心
构图，耐人寻味（赵丽 提供）

图6.44　与机械人进餐，人物神态可爱生动，暖色调温暖
一家人，洋溢着快乐的氛围（王晓固 提供）

图6.45　画面宁静而璀璨
（几米设计）

6.2.5　概念书籍的定义、价值及创意表现

关于概念书籍，有一个共识性的概念表述：在知识经济和网络时代下，人们获取知识和信息

已不再仅仅满足于对字符的阅读，书籍已超越六面体的形状与原有纸介质的束缚。设计者对书籍发展史和现代书籍设计要素的探寻，对未来书籍进行前瞻性的创想与设计，以推动现代书籍形态和设计观念发展与进步是时代赋予的使命。

6.2.5.1　概念书的内涵

"概念"是反映对象本质属性的思维方式。概念产生于一般规律并以崭新的思维和表现形态体现对象的本质内涵。

概念书的设计是针对普遍意义上的"书"所作的质疑和思考，是基于传统书的理念所作的一种探索。它是一种关于书的思想体现，是一种个性化、无定向的创造活动。它的形状不一定是现代流行的纸质书籍，阅读方式不只是简单地看和读，可能还有听、摸、闻、吃，甚至是其他意想不到的方式，其功能也是各种各样的（图6.46）。

图 6.46　此书体现了对传统书籍要素的重组，像漂流瓶，与作者的经历很吻合（张鹏 提供）

6.2.5.2　概念书籍设计的价值

概念书设计的目的是延展书的概念，生成新创的概念，发展思维的多向性、多层面性，以及寻找更为多样化的设计语言和手段，因此概念书的设计更加强调书籍本身的实验性质。概念书的设计意义在于它能给人的想象空间和传达的信息，这些都有可能成为未来书籍创意灵感的起点和来源。书籍带来的信息不一定是只依靠书里面的文字内容的阅读，构成书本身的材料也能呈现出书的思想和观念，而重新构成造书的文法，形成书籍设计的新概念，开创书籍设计的新历史，正是每个设计者所追求的境界（图6.47）。

图 6.47　纸雕书籍，像塑造的建筑体（赵丽 提供）

6.2.5.3 概念书的创意与表现

概念形态的设计为书籍艺术提供了一种新的思维方式和各种可能性。概念书的创意与表现可以从它的构思、写作到版式设计、封面设计，形态、材质、印刷直至发行销售等环节入手，可以运用各种设计元素，可以尝试组合使用多种设计语言，也可以采用异化的形态，提出新的阅读方式与信息传播接受方式；可以是对新材料和新工艺的尝试，可以是对现有书籍设计的批判和改进，可以是对现实生活中主流思想的解读或异化，也可以是对过去的纪念或是对未来的想象，还可以是对书籍新功能的开发。无论是规格、材质、色彩还是开合方式、空间构造等都没有严格的规定或限制。一切突破只要在视觉审美规律的基础上，具有原创的精神，能够给现实带来一定的启发并给予受众以主观能动的想象空间和人文关怀，就都是可取的。

1.材料

概念书装的材料选择十分丰富多彩。它既可以是生产加工的原材料，如金属、石块、木材、皮革、塑料、纸、蜡、玻璃、天然纤维和化学纤维等，也可以是工业生产加工后的现成用品，如印刷品、旧光盘、照片的底片、布料以及各种生活用品等，还可以通过各种实验来创造新的材料。在对材料进行的实验中，要有敏锐的观察力和独到的鉴赏力，要动手去感受和把握各种材料；要用探索的精神面对每一种材料；努力尝试利用没有使用过的材料；打破重组常见或废弃的材料，使之构成新的材料语言，产生新的观念和精神。通过对材料的软与硬、抽象与具象、粗糙与光滑、新与旧等并置的体验以及改变材料原有属性的实验，择取其中最为生动贴切的材料或材质间的关系，使概念书的设计更加深入和完善（图6.48）。

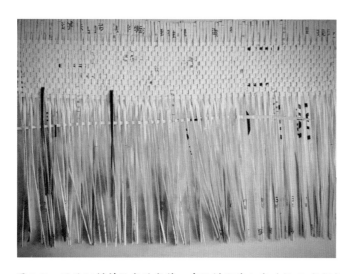

图6.48 用编织材料做成的书籍，有纵横经纬之意（赵丽 拍摄）

2.形状

概念书的形态没有固定的模式，它可以突破六面体的旧形式，通过各种异化的手段，创造出

令人耳目一新、独具个性的新形态书籍（图6.49~图6.51）。具体做法有以下几种。

图6.49　书籍造型像笔记本电脑，中央层次凸显，现代感十足（引自孟卫东、王玉敏《书籍装帧》）

图6.50　圆柱状书籍有中式卷轴的外观（王晓固　提供）

图6.51　腰封与书体形成肌理反差，极简主义的象征（王晓固　提供）

（1）可改变书籍外轮廓的线条，如对书籍外形作曲线、弧线、异形线的有序或无序的、渐变或突变的线形变化。

（2）可在书籍形态内将某些部位进行各种空缺的处理，如形成方形、圆形、方圆、三角形、任意形等的空缺变化。

（3）可将书籍形态的表面作局部凹凸起伏的变化。

（4）模仿自然物的外形或局部的造型，使其变化后显现出感性、趣味性和象征性。

（5）运用各种材料在书籍形态表面作肌理变化处理，使其在视觉上与触觉上形成新的审美趣味。

（6）将书籍的体积夸大或缩小，让书籍的形态产生膨胀、萎缩、扭曲与力的牵伸等变化。

（7）把书籍的形态作大小、高低、厚薄、形态结构等的变化，并将其两个或两个以上的形态组合为一个整体形态，从而赋予书籍灵活多变的个性特点。

6.2.5.4　功能与形式并重

功能虽是书籍的重要因素，但从书籍设计的效果来看，形式本身具有功能的特征，好的形式可给读者带来赏心悦目的感受，促使其愉快舒畅地浏览书籍的内容。千百年来书籍担任着为人提供方便的阅读、记载信息和传承文化的任务，但是在瞬息万变的现代社会，书籍形式的地位和作用已经悄然发生了改变，书籍的形式与功能还有进一步开发和延展的巨大空间，如研究开发生态环保的书、弱势群体使用的书等，这些都需要设计人员保持对人、社会、自然环境的关爱，并跟踪和预见书籍装帧设计的未来走向（图 6.52）。

图 6.52　书籍使用折页，省略装订，各要素完整、连续，自成一体（朱瑞波 提供）

6.2.5.5　概念书籍的"五感"拓展

1. 视觉

有数据表明，"五感"中的视觉体验在书籍装帧设计中一直占据主导地位。书籍的视觉形象为读者提供最直接的艺术感受，当某本书的视觉体验具有足够的吸引力时，便会引导读者因好奇心翻阅书籍，从而产生其他的感官体验，它代表着一本书从被发现到阅读完毕的全过程。读者在阅读书籍的过程中，人与书的关系是动态关系，人对书籍的认知呈现为整体向部分最终再回到整体的延续关系。

书籍中的视觉形象是一种特殊的艺术表现形式，它通过对色彩构成、造型结构、材质肌理、图文排版、版面留白等元素的应用，充分体现书籍内容与形式的统一关系。因此，设计者在进行书籍装帧设计时，应首先展现其主体性，正确传达书籍的主要内容；其次才是彰显其艺术性，以提高读者的审美感受。书籍中的视觉体验能使读者在第一时间通过正确的视觉传达方式，形成清晰的认知（图 6.53）。

图6.53 《秋·诗》用烛光代表阳光，让内涵更通透（赵丽 提供）

2.触觉

触觉又称触觉肌理，指依靠肌肤对物体表面的接触形成感知。触觉虽然属于人类整体的感官系统中最原始的部分，但是它对于人们认知事物起着重要作用。同时，它与视觉同样联系紧密，通过触觉的感知，读者可以更准确地了解书籍信息。书籍的轻重、材质、肌理等都会对读者产生不同的生理影响，从某种角度上讲，材料的肌理与特性对触觉的刺激能直接影响读者对书籍的审美认知，不同的材料带给人不同的感受。例如，金属有冰冷、坚硬的感觉，棉质材料有柔软、温暖的感觉，宣纸有细腻、质朴的感觉，皮质有复古、陈旧的感觉……在书籍装帧设计中，设计者可以通过材料、印刷工艺的选择为读者营造不平凡的触觉体验（图6.54）。

图6.54　通过材料为读者营造不平凡的触觉体验（赵丽 提供）

3.听觉

广义下的听觉体验主要有三类：第一类是电子有声读物、广播收音电台、听书社区等有声阅读软件；第二类具体表现为书本翻页时因材质不同而发出不同的声音，但是这类声音对整体阅读效果影响甚微；第三类是指背景音乐，如书籍配套赠送的光盘，或者是在科技迅速发展下，新材料、新技术于书籍装帧设计中的应用，设计人员提前设置翻阅书籍时的背景音乐：例如幼儿早教有声书就是利用听觉体验的设计方式，通过点读发声、按键发音的方法，为儿童提供更加智能化的学习方式。种种迹象表明，书籍的"听觉化"已经成为书籍设计发展的趋势，并且具有很大的发展空间。对于普通读者来说，听觉通常作为视觉的补充与延伸，起到使视觉感受更加完整和丰富的作用。

4.嗅觉

书籍设计的嗅觉感受从两个角度来体现：一是"书香"的概念；二是概念书籍设计中对气味的应用。古人为防止蠹虫咬食书籍，便在书中放置一种芸香草，这种草有一种清香之气，夹有这种草的书籍打开之后清香袭人，所以称之为"书香"。因此人们也常常把世代读书的家族或诗礼传家的人家称为"书香门第"。书香一方面是指书籍纸张本身具有的油墨味，另一方面是指书籍作为中国传统文化的载体而具有的特殊属性。

虽然嗅觉在书籍装帧设计中占的比例较小，但是它却是"五感"中最为敏感、持续时间最长的一种感官体验。相关试验证明，嗅觉会影响读者对书籍的关注度和持久度。新材料、新技术的极速发展，为读者提供了更丰富的阅读体验，设计者将香料注入油墨及纸张中，使得原始书籍突破了传统设计形式，更具有多样性和真实性（图6.55）。

图6.55　法国出版的儿童丛书"美味的阅读"，丛书中涵盖20多种味道认知
（引自王汀《版式设计》）

5.味觉

在书籍设计之中，味觉有三层含义：第一种即"吃"，将书籍内容与现实之中的味觉感受相结合，虽然这种设计方式在书籍装帧设计中比较罕见，但是也是真实存在的，例如*Drinkable Book*精装书，它不仅可以饮用，甚至可以翻页、阅读；第二种是"味觉联想"，读者在接受视觉、听觉、触觉体验的过程中自然而然地联想出一种"味觉"；第三种是读者阅读书籍时的"品味"，书籍装帧设计是一个整体概念，它包括内容、形式、材质、肌理、排版等众多元素，这些元素相互融合形成书籍特有的"品味"（图6.56、图6.57）。

图6.56 现代设计机构KOREFE设计公司设计的《面食书》，教读者做意大利千层面，书的每一页都是一个步骤（引自宋新娟等《书籍装帧设计》）

图6.57 把装满馅料的书放到烤箱里，美味的千层面就做好了（引自宋新娟等《书籍装帧设计》）

6.3 案例解析

6.3.1 丰子恺插图

丰子恺（1898年11月9日—1975年9月15日），画家、散文家、文学家、美术家与音乐教育家，以中西融合画法创作漫画及散文而著名。丰子恺先生为人淡泊恬静，犹如他的画境和画趣。比文字生动、鲜活得多。画中传达的很多家乡的情趣、风俗。丰子恺先生一生画作颇多，他以毛笔勾勒黑白线条的单幅画作，配以画题点睛，有简朴之感；作品流露出对人世关爱的同情心，使人感到温厚且耐人寻味；儿童题材居多，也常有关于人生苦难的作品。

他的漫画很多是从画古诗词意境开始的，把最耐人寻味的景象凝固了，定格下来。国画的笔调，百态的人生，干净的构图，简洁的线条间境界全出，意境旷远。给人以细细的、长久的回味，有着典雅的意境和浓厚的生活气息。丰子恺的画风雍容恬静、朴实率性，其文笔如行云流水，搭配漫画恰如其分，他被誉为"随笔大师"。他的许多作品都是从日常生活中取材。这些生活中琐屑的事物，通常为人所忽视，但经由丰子恺的笔触呈现出来，加上简短的文字，让读者对生活中不经意的细节也能一一玩味与省思。丰子恺提倡"有生即有情，有情即有艺术。故艺术非专科，乃人人所本能；艺术无专家，人人皆生知也"的艺术观。读他的画，会感觉到艺术就在生活中，美就在身边，它给人以生活的希望和情趣。美学家朱光潜说他，"从顶至踵是一个艺术家，他的胸襟，他的言动笑貌，全是艺术的，全都是至爱深情的流露。"

丰子恺先生说："我的心为四事所占据了，天上的神明与星辰，人间的艺术与儿童。"天真、健全、美好、清澈，孩子在他眼里是这些词最完美的代表，他们是人间最富有灵性生物。在丰子恺那里，猫儿打架了、看蚂蚁搬家、春困的懒腰都可入画，市井的闲情、孩子们的梦话和窗前的梧桐树也都可以成为画作（图6.58~图6.60）。他曾在一次演讲里说："我以为人的生活，可以分作三层：一是物质生活；二是精神生活；三是灵魂生活。这就像人生的三层楼一样，有些人一辈子只满足物质生活，而有些人却还有力气，爬到精神生活那层楼看一看，那么他的世界就会大不一样。"

6.3.2 几米的插图

几米，中国台湾绘本作家，文化大学美术系毕业，曾在广告公司工作12年，后来为报纸、杂志等各种出版品画插画。

几米以童话写意式的表现手法展现着人类的心灵世界。几米的艺术手法是象征式的，也是超现实的，这让作品在叙事表意上进入到一种超然朦胧的境界，其中既有童年的天真凝视，又有成人的冷静回眸，不论是成人还是少年儿童，在几米的作品中总能找到属于自己的那份体悟。

几米所塑造的那些独特的形象也格外吸引人。忧郁而内向的几米需要在画面上宣泄他诗一般的内心独白，鲜明而跳跃的色彩，总是在风中摆动的衣角和裙边，以及在黑暗中不声不响站立的硕大的小动物，还有那些常常出现在背景中的没完没了的小方格子和长长的直线条，都是画家心灵的写照：对人生的困惑，对单纯的向往，以及有时候像小孩般的无助。几米画笔下的都市人群总是眼神忧郁、各有伤口，但他却温情脉脉地描绘着各种各样的兔子、小鸟、大象、鱼……人际

间充满着冷漠和不信任，人们把所有的倾诉和真情都给了身边的小动物（图6.61）。

图6.58　平和平凡的生活因元旦的
到来而增添喜庆，儿童期盼的
神态跃然画面

图6.59　洗练的手笔描绘出乡村自然的生活状态，
令人忍俊不禁

图6.60　朴拙的笔触勾画出生动的情景，一幅儿童与小狗逗趣的场面

图6.61　对称式构图，灰色的大鸟和树木映衬出女孩多彩的裙装，此刻她一定很骄傲、满足

　　几米的图画和文字的表述手段都是碎片式的、符号化的。在他的作品中，没有固定的主角和形象，同在一页的两幅图之间可能在内容上没有任何连续性，在颜色上可能形成极大的反差或不协调。同时，解读图画的文字与图画之间、句子与句子之间的相关性十分模糊。这样的表述方式符合现代人瞬间转换的思维风格，它制造了一种"疏异的艺术性"，就是与现实的分歧与剥离，在现实的压制和超越之间，感受面对问题时的停顿、空白，从而体验置身事外的清晰（图6.62）。

图6.62　小鸟、小花和孩子的色彩上下呼应，画面中心的云朵宛若甜蜜的棉花糖

6.3.3 杉浦康平的杂志设计

杉浦康平是现代书刊实验的创始人，在日本被誉为设计界的巨人、艺术设计的先行者。他将欧洲的设计表现手法融入东方哲理和美学思维之中，赋予设计以全新的东方文化精神和理念。他在杂志设计中注入现代编辑设计概念，以疾风迅雷般的创造力和不可思议的旺盛实验精神设计出大量的精彩杂志，形成引领平面信息载体独树一帜的杉浦设计语言，对日本、亚洲乃至整个世界的平面设计产生了巨大的影响。

杉浦康平在为《游》杂志创刊号进行装帧设计时，借鉴了摄影艺术手法：摄影师捕捉到一滴牛奶落下时出现网线状的飞溅。杉浦康平将这一瞬间导入封面设计，牛奶坠落瞬间化为眼球，睥睨天空的神态，诙谐风趣，显示出丰富的想象力和创造力。版面的视觉效果极高，简洁的抽象图形、强烈的黑白对比，提高了图版率和文字的显示度，扩展了读者的想象，让人印象深刻、过目难忘（图6.63）。

在杂志《季刊银花》的设计中，杉浦康平创造性地将瑞士完善的网格体系运用到日本特有的竖排格式中，把几何化、逻辑化、规范化的西方编排方法与东方混沌学为主导的意识形态相结合。版面的中心头部饰物照片，光线投照在饰物上，强化出视觉中心。帽翅呈斜线在3/5的位置上对画面进行分割，接近黄金分割率，并与主题文字形成直角构图，有效地提高了读者的吸引力，规范的构图与散落的文字，体现出作者的设计理念（图6.64）。

图6.63　杉浦康平为《游》杂志创刊号
设计的封面
　　图6.64　杉浦康平为《季刊银花》杂志
设计的封面

6.4　课题实训

6.4.1　思考与练习

（1）简述电子书的优缺点，并说明其对设计的影响。

（2）怎样理解和把握电子书与交互式体验设计。

（3）杉浦康平设计的杂志有何特征？

（4）杂志设计有什么特点？设计杂志的过程中应注意哪些问题？

（5）中、外文书籍插图有什么不同点？

（6）选一本配有插图的书，说一说插图的风格和形式。

（7）概念书籍的特征有哪些？其设计的目的与意义分别是什么？

6.4.2 实训练习

6.4.2.1 实训内容

学生完成以下4个实训任务。

任务1：设计电子书刊。在前期深刻解读文本的基础上，合理有效地运用各种媒体技术，将电子书刊内容以不同方式呈现给读者。

任务2：设计杂志的封面、封底、插图、零页。

任务3：设计商业宣传册。注意强化商业宣传册的时效性和亲和力，反映行业特点。

任务4：设计概念书。注意突出概念书的前瞻性、艺术性，要勇于打破条框限制和思维定式，拿出让人惊羡的设计作品。

6.4.2.2 实训目标

通过实训掌握课题1至课题6所学的书籍装帧设计理论知识，初步掌握电子书刊、杂志、商业宣传册、概念书的设计方法，具备设计各类书籍的基本能力。

6.4.2.3 实训技能

需熟悉并掌握电子书设计软件，能娴熟运用设计软件进行书籍设计、排版。

6.4.2.4 实训程序

（1）学生分组，按组完成各设计实训任务。

（2）学生按组汇报设计成果，教师对学生设计成果进行评价。

6.4.3 实训考评

课题6实训评价表

学生姓名：_____   书籍名称：_____   评分教师：_____

项次	评价标准	分值	得分
1	合理运用零页设计技巧设计杂志，设计的杂志具有专业性和时效性	25	
2	精装书目录设计能有效引导读者关注重点内容	15	
3	概念书籍设计中体现前瞻性和趣味性	15	
4	书籍设计体现"五感"	15	
5	书籍插图设计使故事情节和人物情感的关联紧密	10	
6	电子书设计实现技术与阅读需求的协调统一，兼具功能性和舒适性	10	
7	广告册页设计很好地平衡了形式美感和经济效益的关系	10	
	合计	100	

课题7 流光溢彩——书籍的印刷工艺

7.1 课题提要

7.1.1 课题目标

7.1.1.1 思政目标

"实践出真知",带领学生到印刷厂进行书籍印刷与后期制作装订观摩与实践,熟悉印刷装订的各个环节,同时培养学生绿色生态可持续发展的书籍装帧设计观。

7.1.1.2 专业目标

熟悉印刷的流程、印刷设备和印刷工艺,运用所学的知识和掌握的技能完成书籍工艺设计。

7.1.2 课题要求

把握好设计预想图与实际印刷效果之间的细微差别,衔接好印刷工艺各环节,根据书籍的风格选择恰当的印刷工艺和装订方式。

7.1.3 课题重点

掌握四色印刷的原理;熟悉印刷流程并能够灵活运用。

7.1.4 课题路线

了解印刷术语、印刷常识→熟悉印刷工艺→了解印刷工艺与书籍设计的关系→完成课题模块实训。

微课视频
(专业篇)

流光溢彩
——书籍的
印刷工艺

课题7课件

7.2 课题解读

书籍设计离不开印刷工艺所创造的美感,如《考工记》中所言:"天有时,地有气,材有美,工有巧,合此四者,然后可以为良。"

7.2.1 印刷概要

7.2.1.1 印刷的定义

印刷是使用印版或其他方式将原稿上的图文信息转移到承印物上的工艺技术,是对原稿上图文信息进行大量复制的技术。传统印刷是利用一定的压力使印版上的油墨或其他黏附性的色料向承印物上转移的工艺技术。近十几年来,随着电子技术、激光技术、计算机技术等新技术不断向印刷领域扩展以及高科技成果的应用,印刷领域出现了许多无需印版的数字化印刷方式,如数字印刷、激光打印、喷墨打印等。

7.2.1.2 印刷要素

印刷要素是指完成一件印刷品的复制所需的基本元件。传统印刷有五大要素,即原稿、印版、油墨、承印材料、印刷机械;数字化印刷只有四大要素,即原稿、油墨、承印材料、印刷设备。

1.原稿

原稿是印刷过程中被复制的对象，它是制版、印刷的基础。在印刷过程中，如果没有好的原稿就不可能获得高质量的印刷品。随着计算机技术在印刷领域的应用，印刷用的原稿的形式也变得多样化。印刷中不同类型的原稿，不仅会影响印刷品的质量，而且还会影响制版工艺的选择。

2.印版

印刷用的板材统称为印版，它是将油墨传递到承印物上的图文信息的载体。在印版上，能接收油墨的部分称之为印刷部分或图文部分；反之，则称为印版的空白部分或非图文部分。在传统印刷模式中，依图文部分与空白部分的相对位置、高度的差别或传递油墨的方式，可将印版分为凸版、平版、凹版、孔版。用于印版的版基主要有金属和非金属两种。

3.油墨

油墨是印刷过程中用于形成图文信息的物质，因此油墨在印刷中作用非同小可，它直接决定印刷品上图像的阶调、色彩、清晰度等。优质油墨会让图文色彩鲜艳、光亮度好、色相准确，给人以视觉享受。

4.承印材料

承印材料是能够接受油墨或其他吸附色料并呈现图文信息的各种物质的总称。随着印刷技术的日益成熟，印刷品的品种也日渐增多。承印材料也越来越广泛，有纸张、塑料、木材、金属等。

在纸质出版物中，纸张费用一般占印制成本的40% ~ 60%，而且印数越大，所占比例越高。同时，图书印刷质量的好坏同纸张质量的优劣和选用是否恰当有着直接的关系。纸张表面的平滑程度，还有涂布层的均匀程度会直接影响图文的效果，不同性质的印件应选用不同类型的纸张。纸质书籍最常用的纸张有胶版纸、铜版纸、字典纸、书写纸、牛皮纸等。另外还有大量各式各样的做封面、环衬、扉页等的特种纸。

7.2.1.3　印前准备

印前处理是印刷质量控制的主要环节。印前工艺是否科学合理，直接决定了书籍成品印刷的优劣。书籍设计者必须懂得基本的印前工艺，规避印刷技术上的困难，才能够保证书籍顺利的出版印刷，从而更好地传达设计理念，得到最佳的书籍成品。

设计人员将书稿文件交给印刷机构之前需要对设计文件进行检查，包括成品尺寸是否正确、是否缺字体、图的格式是否正确、分辨率是否符合印刷标准、要保留的内容距离裁切线是否够远、是否有乱码、边图是否出血等。设计文稿"出血"指的是图像边缘正好与纸的边缘重合的版面，在设计时图像应超出裁切边缘3mm。如果不做这样的出血处理，印成品上可能会在纸的边缘与印刷图像边缘之间留下纸张的白边。

另外，很多专业排版软件为了保证较高的运行速度和灵活的可操作性，通常只在排版文件中加载一个已链接的低分辨率图片，并通过链接保持排版文件与原图片之间的联系，原图片文件都是独立存在的。因此，排版文件拿去印刷输出时一定要将文件中置入的图片文件一起拿去。同时也要注意在排版文件完成后，如果改动了图片的保存路径或文件名，一定要重新链接图片以免无法输出胶片。

　　印刷机构收到文件后会进行出片前的检查。有的问题要打出数码样后才会发现，数码打样是印刷跟色的依据。设计者拿到打样后对图片颜色、文字、版式等内容一定要认真核对，有问题的部分重新改正，再打样确认，直至完全正确无误。

7.2.2　印刷色彩模式

　　印刷色彩模式是书籍设计能够在不同媒介上成功表现的重要保障。每种色彩模式都有不同的色域，并且各个模式之间可以转换。支持印刷的色彩模式包括CMYK模式、灰度模式、位图模式和双色调模式。在处理书籍图片的过程中，注意不要在各种模式间转来转去，因为在位图编辑软件中，每进行一次图片色彩空间的转换，都将损失一部分原图片的细节信息。

　　（1）CMYK模式。用于书籍制版印刷的彩色图片必须是CMYK模式的，CMYK是印刷彩色图片唯一可用的色彩模式。CMY是三种印刷油墨名称的首字母：青色（cyan）、品红色（magenta）、黄色（yellow）。而K取的是black（黑）的尾字母，之所以不取首字母，是为了避免与蓝色（blue）混淆。从理论上讲，CMY三种油墨加在一起就得到黑色。但是由于目前制造工艺还不能造出高纯度的油墨，CMY相加的结果实际是一种暗红色，因此还需要加入专门的黑墨来表现准确的色彩。

　　（2）灰度模式。灰度图又称8位深度图。每个像素用8个二进制位表示，能产生2的8次方即256级灰色调，通常黑白照片都是以灰度模式输出的。当一个彩色文件被转换为灰度模式文件后，有些滤镜效果将不能实现，许多细微的层次也体现不出来，所有的颜色信息都将从文件中丢失。尽管Photoshop允许将一个灰度文件转换为彩色模式文件，但不可能将原来的颜色完全还原。

　　（3）位图模式。作位图模式用两种颜色（黑和白）来表示图像中的像素，位图模式的图像也叫作黑白图像。它通过组合不同大小的点，产生一定的灰度级阴影。使用位图模式可以更好地设定网点的大小、形状和角度，更完善地控制灰度图像的打印。但需要注意的是，只有灰度图像和多通道图像才能被转换成位图模式，当图像转换到位图模式后将会丢失大量的色彩，无法进行其他编辑，甚至不能复原灰度模式时的图像，所以要在确保万无一失时的情况下再进行转换。

　　（4）双色调模式。双色调模式对于降低印刷成本很重要。双色调模式是用一种灰度油墨或彩色油墨来渲染一个灰度图像，为双色套印或同色浓淡套印模式。在这种模式中，最多可以向灰度图像中添加四种颜色，这样就可以打印出比单纯灰度模式好看得多的图像。而使用双色调模式最主要的用途就是使用尽量少的颜色表现尽量多的颜色层次，这对于降低印刷成本是很必要的，因为在书籍印刷时，每增加一种色调都需要更高的成本。

　　需要注意的是，每一次由RGB模式向以上四种印刷色彩模式转换时，最好在转换过程中加一个中间步骤，即先把RGB模式的图片转为Lab模式，然后再进行相应的转换。因为Lab模式是一种色彩空间最大的模式，在理论上包括了人眼可见的所有色彩，它弥补了CMYK模式和RGB模式的不足。Lab模式与设备无关的，可用于编辑处理任何一幅图片（包括灰度图片），并且与

RGB模式同样便捷。在把Lab模式转成CMYK模式的过程中，所有的色彩不会丢失或被替换。在非彩色图文排版过程中，应用Lab模式将图片转换成灰度图也是经常会用到的。一些从互联网上下载的RGB模式图片，如果不将其先转为Lab模式再转换成灰度图，那么在使用排版软件时，有时无法对这些图片进行编辑。

从Lab、RGB到CMYK、灰度图、双色调、位图，所能表现的色彩空间逐渐变小，因此在进行每一次色彩模式转换时，都要根据实际情况谨慎行事，只有掌握好每一种色彩模式及其相互转换的特点才能获得高质量的书籍印刷效果。

7.2.3　印刷油墨

彩色印刷品是通过四色油墨的混合呈现原稿的颜色。由于印刷方法的多样性，油墨也有很多种类，几乎每一种印刷方法都有与之相配套的油墨。印刷品设计制作过程中，分色设置、颜色的设置都要考虑油墨的特性。所以一名优秀的设计师掌握一些油墨知识也是十分必要的。

7.2.3.1　油墨的组成

油墨是将颜料微粒、填料、附加料等均匀地分散在黏结料中，具有一定黏性的流体物质。颜料是一种不溶于水和有机溶剂的彩色、黑色或白色的高分散度粉末物质，在油墨中起着显示色彩的作用。印刷时对于油墨颜料的要求较高，特别是颜色的色泽纯度、分散度、耐光性、透明度等。填料是白色透明、半透明或不透明的粉状物质，起着填充的作用。在颜料中适当地加入一些填料，既可以减少颜料的用量以降低成本，又可以调节油墨的稀稠度、流动性，也能提高油墨配方设计时的灵动性。附加料是在油墨制造或印刷使用中，为了改善油墨本身的性能而附加的一些材料。当按基本配方组成的油墨在某些特性方面仍然不能满足使用要求时，或由于条件的改变而不能满足印刷使用上的要求时，就得加入少量的附加料来进行调节。黏结料是一种起着分散颜料，给油墨以适当的黏性、流动性和转印生能，以及印后通过成膜使颜料附着于印刷品表面的化学物质，俗称调墨油。

7.2.3.2　油墨的分类

（1）溶剂油墨。它的黏结料是一种由树脂添加剂和溶剂组成的混合剂。溶剂黏结料又分渗透型、氧化聚合型和挥发型三种。

（2）水基油墨。它的主要成分是色剂、水基黏结料、辅助溶剂、消泡剂、防沫剂。它可分为水溶性、碱溶性和扩散性。

（3）UV紫外线干燥油墨。它不含溶剂，由颜料、感光树脂、活性稀释剂、光引发剂及助剂组成。它只有在受到紫外线照射时才会固化，靠化学聚合作用瞬间固化。

7.2.3.3　油墨的色彩

1.原色

原色是指青色、品红色、黄色、黑色及其叠印色。在印刷原色时，这四种颜色都有自己的色版，在色版上记录了这种颜色的网点，这些网点是由半色调网屏生成的，把四种色版合并到一起就形成了所定义的颜色。实际上，在纸张上面的四种印刷颜色是分开的，只是由于距离很近，人眼的分辨能力有限，所以不能将它们分辨开来。得到的视觉印象就是各种颜色的混合效果，因此产生了各种丰富的颜色。

由于色彩在输出、印刷过程中可能产生不同的视觉效果。为了保证印刷时颜色的准确性，在设计时可以在印刷色卡上选定需要的颜色，并用色卡上该色彩的CMYK色值对色彩进行设定，这样无论屏幕上显示的是什么颜色，印刷品最终的效果由色卡上的颜色来决定。

2.专色

专色油墨是由印刷厂预先混合好或油墨厂生产的，如珍珠蓝、荧光黄等，它不是由CMYK四色叠印出来的颜色。专色的特点是色彩饱和度高，可以满足设计师对色彩的特殊要求。对于书籍上的每一种专色，印刷时都有专门的一个色版对应。虽然计算机不能准确地表示专色，但通过色卡能看到该颜色在纸张上的准确信息，比如Pantone彩色匹配系统就创建了很详细的色卡，设计者可以根据情况来选择。

金银色也属专色的一种，是一种特殊的油墨，与一般颜色的审美功能有很大的不同，金银的使用为四色印刷增加了几分富丽与奢侈，具有特殊的美感，能够满足"奢侈、华丽、装饰、炫耀"的需要。

选用专色油墨时应注意以下事项：

（1）成本控制。一般情况下，应使用原色，避免使用专色。原因有两个方面：一是四色印刷可以组合出大部分的色彩，基本能够满足设计者的要求；二是专色油墨多为进口油墨，价格高。在印刷时要专门制作一块印版，由一个机组走纸一次来完成该色的印刷，这样会大大增加印刷成本。

（2）特殊需要。很多知名公司的标志颜色都采用特定的颜色，必须用专色印刷，如可口可乐的标志上使用的红，就是一种专色，印刷时必须采用专色油墨以专版印刷。另外，一些不同寻常的颜色如荧光红等，也需要专色油墨进行专色印刷才能达到效果。

（3）混合使用。复杂的设计往往需要使用专色和原色共同完成印刷，如某些印刷要在四色印刷的效果上增加公司的专色标志，或者书籍的某些重要的细节想要获得特殊的色彩效果，那么就必须加一次或两次的专色印刷。

7.2.4 印刷类型

7.2.4.1 平版印刷

平版印刷也称胶印，是目前最常见、应用最广泛的印刷方式，是一种间接的印刷方式。在印刷时，为了使油墨区分印版的图文部分与非图文部分，首先由装置向印版的非图文部分供水，从而保护其不受油墨的浸湿。由于印版的非图文部分受到水的保护，因此油墨只能供到印版的图文部分。最后是将印版上的油墨转移到橡皮布上，再利用橡皮滚筒与压印滚筒之间的压力，将橡皮布上的油墨转移到承印物上，从而完成一次印刷。平版印刷广泛用于印制书刊、报纸杂志、商业册页、高档画册、包装盒等（图7.1）。

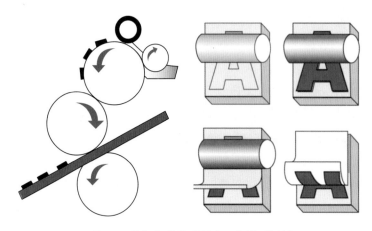

图7.1　平版印刷原理图（王晓固 绘制）

　　平版印刷的优点：制版工艺简单，成本较低；印刷速度快，周期短，效率高；拼版容易，装版迅速；印刷品的图文精细、层次丰富、色彩效果好，特别适合于书刊报纸及图文并茂的高档印刷品印刷。

　　平版印刷的缺点：因为油墨和水的平衡问题而导致色差，难以形成较浓厚的油墨层，大面积的色彩往往不够饱和、均匀及鲜艳；在印数较少的情况下，成本升高。

7.2.4.2　凸版印刷

　　凸版印刷简称凸印，也称铅印，这种印刷方式起源于我国古代的雕版印刷。

　　凸版印刷的印版版面特点是图文部分凸起，以接受油墨，而非图文部分凹下，印刷时则因凹陷而不会沾到油墨。印版与承印材料接触，经过加压机加压后，印版图文上附着的油墨便被转印到承印材料表面了（图7.2、图7.3）。

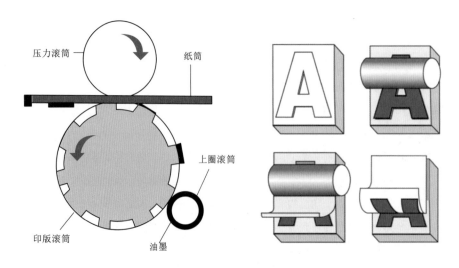

图7.2　凸版印刷原理图（王晓固 绘制）

凸版印刷在20世纪50年代前广泛使用，如铅字版印刷、铜锌版印刷、塑料版印刷、尼龙版印刷、树脂版印刷等，现逐渐被其他印刷方法所取代。只有以感光树脂为原料制成的柔性版在包装品印刷和报纸印刷中能够保持其发展趋势。凸版印刷广泛用于印刷报纸、信封、名片、请柬、标签、教科书、包装纸、包装箱盒、塑料袋等。

凸版印刷的优点：采用直接加压，使沾满油墨的凸起图文部分与纸面直接接触，墨色饱满、印迹清晰；凸版印刷机的结构比较简单，操作十分方便；在印刷过程中，根据需要，可以随意进行印版的更换和调整，一版多用，生产成本较低。

凸版印刷的缺点：版工艺复杂，周期较长，质量难以控制；不适宜于色彩丰富、明暗层次变化多、幅面大的彩色印刷；印刷速度比较慢、效率也较低；铸铅字或腐蚀铜锌版时，会出现许多环境污染问题；手工操作，机械化程度不高。

图7.3 凸版印刷示例
（吴铁 提供）

7.2.4.3 凹版印刷

凹版印刷，其印版版面与凸版相反，它的图文部分呈凹形。印刷时，用墨辊转动油墨填满印版，再用印版滚筒一侧装有的弹性薄钢刮刀，将非图文部分的多余油墨清除，凭借压力使凹下部分的油墨被纸张吸收，从而留下印迹厚重、饱满、细腻、清晰的画面（图7.4、图7.5）。

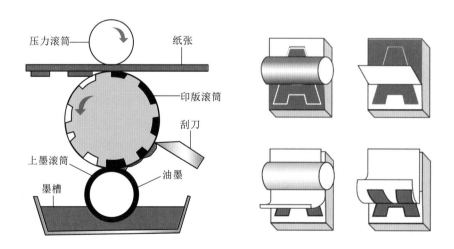

图7.4 凹版印刷原理图（王晓固 绘制）

凹版技术始于15世纪中叶的雕刻铜版，是版画家们制作铜版画的重要手段。因其需要高难度的手工技巧，所以手工凹版在现在的印刷业中几乎已销声匿迹，代之而起的是由摄影发展而来的照相腐蚀凹版。凹版印刷广泛用于印刷精细的版画、邮票、证券、画报、商业包装等。凹版主要

有照相凹版和雕刻凹版两大类。照相凹版又分传统照相凹版（即影写凹版）和照相加网凹版。雕刻凹版分手工雕刻和机械雕刻、电子雕刻凹版。目前常用的是照相凹版、照相加网凹版和电子雕刻凹版。

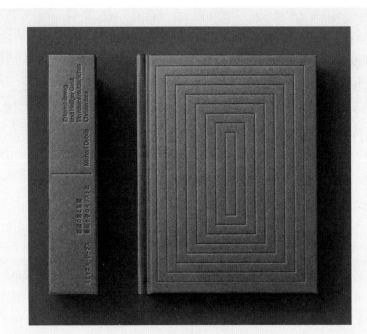

图7.5 凹版印刷示例（吴铁 提供）

凹版印刷的优点：印刷方法和机械装置简单；颜色稳定，并且印刷快；印刷能力强，适合印刷量大的印刷品。

凹版印刷的缺点：凹版的制版工艺比较复杂，而且主要选用铜材来做印版，成本较高；制好的印版，不易用来打样，因此画面一旦出现问题，事先难以发现；由于凹印的墨迹较厚，印刷速度较快，为了促使纸张上油墨更快变干，就采用了极易挥发的溶剂，此溶剂经电力或红外线加热以后，蒸汽的浓度较高，对人体极为有害。

7.2.4.4 孔版印刷

孔版印刷也称丝网印刷。印刷部分是由大小不同的孔洞或大小相同而数量不等的网眼组成，孔洞能透过油墨，空白部分则不能透过油墨。印刷时，油墨透过孔洞，印刷在纸张或其他承印物上，形成印刷成品，这类将油墨透过镂空的印纹部分，透印到承印物上的方式，称为孔版印刷（图7.6）。孔版印刷广泛用于印制旗帜、花布、塑料、金属、家用电器外壳、服饰、标牌、仪表、线路板等。

孔版印刷的优点：墨层厚、遮盖力强；件量少时，非常经济，对承印物的适应性强，耐腐蚀；在平面、曲面、球面等材料上，都可以轻易印刷；油墨的适应性强。

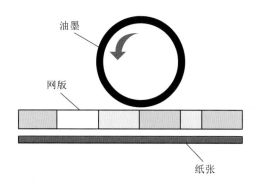

图7.6 孔版印刷原理图（王晓固 绘制）

孔版印刷的缺点：印刷速度慢，生产量低，不适合要求快速而量大的印刷品；细部难以达到精致要求，色彩还原性差。

7.2.4.5 数字印刷

数字印刷又称数码印刷，它与传统印刷最大的区别在于，省略了出胶片、晒PS版等工序，直接实现从计算机到纸张的打印过程。它适合小批量、个性化的印刷品，而且可以做到立等可取、份份不同。书籍在正式印刷之前都会打印样书，采用数码印刷是最经济、最理想的方式。数码印刷适合打印克重80~250g的纸。数码印刷适用文件格式比较多样，除了专业制作软件外，办公软件也可以使用。

7.2.4.6 防伪印刷

防伪印刷技术最初主要应用在钞票、支票、债券、股票等有价证券的防伪上，文化市场经济的发展与盗版书籍对正版书籍的冲击浪潮的不断增强，印刷防伪技术已广泛应用于书籍封面设计的领域之中，并且各种新的防伪印刷技术仍在不断产生，如防伪印刷技术、纸张防伪技术、油墨防伪技术、光学防伪技术、磁码防伪技术、核径迹防伪技术、激光防伪标签和其他防伪技术。在书籍封面设计中，设计者也常采用小面积的防伪图案来增强防盗版的技术。

7.2.5 印刷工艺

7.2.5.1 UV印刷

UV油墨是一种特殊的油光透明材料，这种材料触感光滑细腻，可以提高墨色的光泽度和鲜艳度，增强印刷品的外观效果。UV油墨已运用于胶印、丝网印刷、喷墨印刷、移印等印刷方式中。传统印刷所指的UV是印品效果工艺，就是在一张印刷图案上裹上一层光油(有亮光、哑光、镶嵌晶体、金葱粉等)，主要是增加产品亮度与艺术效果，保护产品表面。其硬度高，耐腐蚀摩擦，不易出现划痕。有些覆膜产品现改为上UV，能达到环保要求，但UV产品不易黏结，有些只能通过局部UV或打磨来解决。

UV印刷的增长是由其增值印刷的属性所驱动的，它可以在出版印刷、商业印刷、包装印刷

和标签市场应用领域中凸显多项优势，不仅可以使用纸张和纸板，还可以使用各种各样的承印材料，包括低吸收性的或非吸收性的材料，如塑料、箔、金属、热敏材料等。

7.2.5.2 电化铝烫印

电化铝烫印是借助一定的压力和温度，运用装在烫印机上的模板，使印刷品和金属箔在短时间内互相受压，将烫印模板上的图文转印到印刷品表面。可以应用电化铝烫印的材料包括木板、皮革、织物、纸张或塑料等。

书籍常用金色、银色、彩金或其他颜色的电化铝箔或粉箔（无光）通过加热来印上书名或图案、线框等，经过电化铝烫印后的部分有金属光泽、富丽堂皇，使印刷画面产生强烈的视觉对比。配合击凸或压凹的印刷工艺能产生更加独特的肌理感受。目前这种方式被大量地应用在书籍设计中，以往常在精装书的函套和封面上烫金、烫银，而现在在平装书籍中应用烫金、烫银工艺的也越来越多。不仅如此，由于金银烫印在特种纸上能产生独特的韵味和效

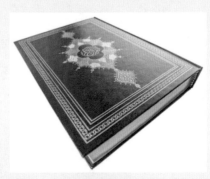

图7.7　电化铝烫印示例（吴铁 提供）

果，因此书籍环衬、扉页等页面也常采用电化铝烫印工艺（图7.7）。

7.2.5.3 模切

模切是指根据设计要求把材料切成异型或"镂空"的工艺。模切需要用钢刀片制作成模切版，在模切机上把印刷品或纸张轧切成一定形状，它可以将印刷品轧切成弧形或其他复杂的外形，也可以对印刷品进行冲孔或镂空等处理（图7.8）。

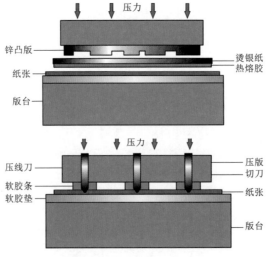

图7.8　模切机工作原理图（王晓固 绘制）

另外，遇到印刷品需要圆弧线、开窗、压折线、不规则曲线时，也必须采用模切方式处理。模切需先制作刀模，模切时将刀模装于机器上，利用冲压的力量将纸或纸板切压成型。此时，刀模的切刀部分插入纸张并将其切开，刀模的压线刀部分则压出折线。

7.2.5.4 凹凸压印

凹凸压印又叫压凹凸、压凸、击凸，是利用相互匹配的凹型和凸型钢模或铜模，压出具有凹凸立体感的浮雕效果。在书籍设计中，凹凸压印主要用来印制函套及封面上的文字、图案或线框，从而提高印刷品的立体感和品质感。也可以在凹凸压印后印上油墨或局部UV上光，使图文更加突出。结合用手工雕刻的方式，可以做出三四个层次的浮雕效果。

7.2.5.5 滚金口

滚金口是在书籍切口一面（一般在天头切口上）或三面，经烫压粘上一层金属箔（即赤金箔）或电化铝，使书籍的切口上呈现一层金光闪闪的颜色。由于赤金箔或电化铝在加工时是用滚压方式烫粘在切口上的，故称滚金口。

7.2.5.6 植绒

植绒工艺需要先采用胶印方式将普通的图案印好，接着在准备植绒的部分上采用丝网印刷方式刷印胶糊，施加负电荷。然后在正电荷的极板上撒上用人造丝、尼龙、羊毛或金银粉做成的短纤维或粉尘。由于正负极的距离很短，利用正负极间相吸引的静电原理，使纤维被吸附到刷有胶糊的图案上并直立起来。

7.2.5.7 对裱

对裱类卡书就是近几年来出现的形式。它是由多层卡纸或板纸对裱而成，经常结合模切、冲圆角、裱糊、压痕等工艺，还配以各种材料作附件，具有趣味性强、易翻看、不伤人等优点。除此之外，邮册、相册等纪念册也常采用对裱精装的方式。

7.2.5.8 磨砂

磨砂是利用外力作用，在书籍印刷品表面通过压轧变形而得到具有立体效果的均匀的凹凸麻砂点。这一工艺往往与烫印一起应用。

7.2.5.9 覆膜

覆膜又称过胶，是指通过覆膜机的高温压力，在印刷品上覆着一层塑料薄膜的工艺，具有耐摩擦、耐潮湿、耐光、防水和防污的功能。覆膜分为光膜（光胶）和亚膜（亚胶）两种。光膜表面效果晶莹亮丽、色泽光亮、表现力强；亚膜表面不反光，呈现雅致磨砂效果。覆膜对书的封面有装饰和保护的作用。200g以上的纸张，在实色部位有压痕工艺，必须使用覆膜工艺。128g以下的纸张单面覆膜后容易因两面表面张力不同而打卷。覆亚膜后，印刷品色彩饱和度会略有下降。表面凹凸不平的纸张不适合覆膜。

7.2.5.10 其他工艺

印刷技术不断进步，印刷工艺的种类也越发繁多。除上述印刷工艺外，常用的其他印刷工艺

还包括压纹、滴塑、浮雕、压痕等。压纹工艺是利用雕刻纹路的金属辊加压后在纸张表面留下满版的纹路肌理。可以改变普通铜版纸或纸板表面的纹理，使其像皮革、布质品、麻质品、编织品、毡毯、树皮、木纹、梨皮、橘皮等。既可以使其具有云彩、树叶的飘逸纹路，也可使其具有如甲骨文、土陶般的凝重纹路。现在用于书籍表面的纹路可以随心所欲地设计，并且可以在一个版面上同时印上几种不同的纹路。

滴塑是将透明的柔性或硬性的水晶胶均匀地滴到物体表面，使物体表面获得水晶般晶莹的立体效果。可滴塑在纸张、涤纶、PC、金属等材质的表面上，滴塑面还具有耐水、耐潮、耐 UV 光等性能。

浮雕印刷是将印刷品经过压力加工使其能与原稿相类似，一般制作对象为油画等绘画作品。当印刷完毕之后，在印刷物上面附上胶膜。然后将预先制作好的压盘，即原画经照相制版所得的凹凸版，在印刷品上进行加压工序，就能够制作成与原画相似度极高的复制品。浮雕印刷多用于名画复制，也可以应用于美术画集或风景明信片等。

压痕又叫压痕线或压线，利用钢刀、钢线排列成模板，在压力作用下将印刷品表面加工成易于折叠的痕迹。对于200g以上的纸张以及157g单一颜色油墨很厚的印刷品，折叠时往往会出现裂痕，为了不影响印刷品效果，可以通过压痕的办法来避免折叠处出现裂痕。

7.2.6　印刷机械

印刷机械是印刷机、装订机、制版机等机械设备的统称。

7.2.6.1　印刷机

印刷机是印刷流程中的核心设备，其作用是使印版上的油墨转移到承印物表面。印刷机一般由给纸部件、收纸部件、输墨部件、印刷部件组成，胶印机一般还有一个输水部件。"工欲善其事，必先利其器"，如果一台印刷机的精度不高，稳定性又差，那么就很难印出高品质的印刷品。

1. 印刷机按施加压力的方式分类

印刷机按照印刷时施加压力的方式，可分为平压平型印刷机、圆压平型印刷机、圆压圆型印刷机等。

（1）平压平型印刷机。平压平型印刷机的结构特点是装版机构和压印机构均呈平面形。印刷时，压印平版绕主轴进行往复摆动，完成输纸和压印。由于印版图文部分的油墨和压印平版同时全部接触，因而压印时间较长，对承印物所施加的压力较大，故印刷品的墨色浓重，线条、笔画饱满。平压平型印刷机体积较小、印刷速度慢、生产效率低，适用印刷幅面小的印刷品，如贺卡、请柬、书刊封面、信封、标签等。这类印刷机有活字版打样机、铜锌版打样机和圆盘机等。

（2）圆压平型印刷机。又称平台印刷机，结构特点是装版机构呈平面形、压印机构是圆形的滚筒（俗称压印滚筒）。印刷时，印版随同装版平台，相对于压印滚筒作往复的移动，压印滚筒一般在固定的位置上，带着承印物边旋转边压印，压印滚筒对承印物施加的压力比平压平型印刷机较大的提高，但由于版台往复运动，印刷速度受到限制，生产效率不高，主要印刷书刊的正文。这类印刷机有一回转凸版印刷机、二回转凸版印刷机、停回转凸版印刷机、平版打样机等。

（3）圆压圆型印刷机。又称轮转印刷机，结构特点是装版机构和压印机构均为圆柱形的滚筒。圆压圆型印刷机利用压印滚筒和印版滚筒不停息地接触进行压印，运动平稳、结构简单、印刷速度快。若将印刷装置组合在一起，设计成卫星式或机组式的印刷机，还可以进行双面、多色印刷，生产效率很高。这类印刷机目前使用的最多，有平版印刷机、凹版印刷机、柔性版印刷机以及专门印刷书刊报纸的高速卷筒纸印刷机（图7.9）等。

图7.9 卷筒纸印刷机

2. 印刷机按印版类型分类

印刷机按印版类型，可分为凸版印刷机、平版印刷机、凹版印刷机、孔版印刷机、无版数字印刷机等。

（1）凸版印刷机。凸版印刷机是历史最久的印刷机，其印版表面的图文部分凸起，空白部分凹下。机器工作时，表面涂有油墨的胶辊滚过印版表面，凸起的图文部分便沾上一层均匀的油墨层，而凹下的空白部分则不沾油墨。压力机构的把油墨转移到印刷物表面，从而获得清晰的印迹，复制出所需的印刷品。

（2）平版印刷机。平版印刷机印版表面的图文部分与空白部分几乎处在同一平面上。它利用水、油相斥的原理，使图文部分抗水亲油、空白部分抗油亲水而不沾油墨，在压力作用下使着墨部分的油墨转移到印刷物表面，从而完成印刷过程。采用间接印刷法以后，平版印刷机发展迅速、品种较多，如办公用的微型胶印机，大型、多色、高速的书报杂志胶印轮转机，用于平张纸的或卷筒纸的、单面印的或双面印的平版印刷机。平版印刷机已广泛采用电子计算机控制装置，技术上日趋先进。制版设备也发展到运用电子分色机，并广泛采用预涂感光版。

（3）凹版印刷机。凹版印刷机的主要特点是印版上的图文部分凹下，空白部分凸起，与凸版印刷机的版面结构恰好相反。机器在印单色时，先把印版浸在油墨槽中滚动，整个印版表面遂涂满油墨层。然后，将印版表面属于空白部分的油墨层刮掉，凸起部分形成空白，而凹进部分则填满油墨，凹进越深的地方油墨层也越厚。机器通过压力作用把凹进部分的油墨转移到印刷物上，从而获得印刷品。

（4）孔版印刷机。孔版印刷机（图7.10）也称作丝网印刷机。它的印版是一张由真丝等材料编织而成的纵横交错、经纬分明的丝网。已经生产的有平面、曲面、成形、印染、印刷电路和新型轮转等多种丝网印刷机。其中，新型轮转丝网印刷机的速度和生产率比较高，其特点是将丝网安装在滚筒上，油墨浇在滚筒内，机器工作时滚筒旋转，橡皮刮墨刀把图案快速印到印刷物上。制作丝网的材料除真丝外，还可用尼龙丝、铜丝、钢丝或不锈钢丝等。丝网印刷机应用的孔版印刷原理起源于古代的模版印刷。孔版印刷有誊写版、镂空版喷花和丝网印刷等多种形式。

（5）无版数字印刷机。随着科技的进步，印刷机也不断升级换代，印刷效率、精度高的无版数字印刷机（图7.11）逐渐成为现代印刷业的主流趋势。

图7.10　孔版印刷机　　　　图7.11　无版数字印刷机

7.2.6.2　其他机械

（1）排版机械。包括铸字机、铸条机、汉文排铸机、外文排铸机、打样机、热压纸型机、铸版机、镗版机、铣版机、修版机、锯版机、手选照排机、激光照排机、电脑植字机等。

（2）照相制版机械。包括照相机（全张、对开、四开机等）、连拍机、连晒机、放大机、显影机、拷版机、晒版机、打样机、电子扫描分色机等。

（3）装订机械。包括折页机（全张、对开、一折机等）、配页机、浆背机、订书机、包皮机、三面切书机、切纸机、骑马联动订书机、无线胶订联动机、精装书芯联动机等。

7.3　案例解析

7.3.1　刘晓翔、彭怡轩对《字腔字冲：16世纪铸字到现代字体设计》的设计

西方的文字设计仍然由西式活版印刷发明最初100年中设计的字体主导着，这些字形背后有着什么样的工艺流程？书籍设计着眼于16世纪法国和佛兰芒的字冲雕刻师的工作，力图将作者弗雷德·斯迈尔斯基在铸字方面的经验和相关研究价值予以展现。这本学术著作的装帧设计力图温和、耐看。

全书采用网格版式经典范式结构，排列严整、端庄，适度控制行距、字距和页边距，不刻意表达设计者的个性意图，而是体现出一种对前辈造字人无比尊重的克制，营造了平凡、均衡、舒

适、易读的古典阅读情境。内文有意采用具有金属活字特征的"筑紫明朝体"和粗细低对比度的西文古典衬线字体，试图通过字体表现出金属活字的印刷特征，与此书的文化主题特征相吻合。封面利用字母阴阳对照的字形雕版压印，表达了从二维平面实现三维实体感受的印刷本质。一本普通简易的精装书，通过设计者的精心巧思，平实却精致，内敛而书卷气息满满（图7.12）。

图7.12　在这本书的封面设计上，可以看到构成主义的身影，严谨且有秩序感

封面设计展示了字母"e"，从"字腔内笔画字冲""字腔字冲"直至"字冲"的制作过程。通过真实金属模具压印出的图形，表达了从二维平面变成三维实物最终回归二维平面的印刷本质。封面色彩设计参考了英文版和日文版的封面（图7.13），同时呼应英文版、日文版内文的颜色。图书成品尺寸，英文版为145mm×220mm，日文版为150mm×210mm，中文版改为141mm×222mm，横纵比约为5：8，书本瘦长，手感更舒适。

图7.13　中文版与英文版、日文版设计对照，统一中显得更活跃

内文字体选用具有金属活字特征的"方正筑紫明朝"体和低粗细对比度的西文古典衬线"Sirba"体。两款字体搭配时能保持正文灰度均匀，通过胶版印刷也能体现金属活字时期的印刷特征，结合适当的字号，营造了温润均衡、舒适易读的效果（图7.14）。页码选用"Althelas"体，变高数字的使用区分正文中的等高，过渡时期衬线的特征使得页码跳出了正文古典的氛围。

一本学术类书籍从设计的角度来说，要考虑其长期保存的特点，因此选用纸张的要求主要有二：一是顺纹有韧性，有利于翻阅；二是存放不变色，能够长期保存。

图7.14　内页正文两款字体运用后，形成的调子灰度均匀而温和，
使读者的阅读过程舒适、愉悦

7.3.2　姜嵩对《屏风》的设计

设计师用独特的设计将相融而又独立的古代与当代两部分展览内容有机融合，运用书籍这一载体表达策展人的展览意图（即当代与古代的融合与对话）。经过对内容的重新编辑梳理，将古代部分的文论、图录作为主本，当代部分作为别册，同时将古代部分的文论、图录及当代部分这三大重点板块为主线作书籍结构的支撑。为便于阅读，古代部分文论中每页文本对应的插图与注释信息在编排时都做到了不甩尾、不另页。文论中大量配文插图采用了四色模拟双色效果的制版技术，并在页面中按节奏插入四色跨页大图用以调节阅读节奏，使得文论部分的版面整体统一且不显零碎。另外古代部分图录中的长卷采用了M折，筒子页等多种折页形式去表达画面的维度。2∶1的书籍尺寸比例贴合了"屏风"这一主题（图7.15、图7.16）。

全书分主本（传统）与别册（现代）两部分，内外套合，别册夹于中缝，严丝合缝，手感舒适，有跨越时空的联想。内文编排网格逻辑清晰，图文编排有序又有变化，字体端正，版面风雅优美。主本可以同时从左向右或从右向左翻阅，前后部分横排与竖排各有趣味，既有对比，又不失协调；别册采取了三本连订、中间一本书脊凸出的形式，编排重心上移，区别于主本，文本体例布阵有现代构成感（图7.17、图7.18）。

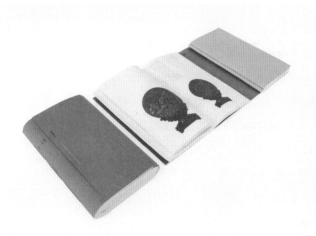

图7.15 采用2：1的长宽比例，使书籍的"屏风"主题得以充分展现

图7.16 古代部分图画中，运用中国传统书籍结构的多种折页形式，以表达时空的跨度

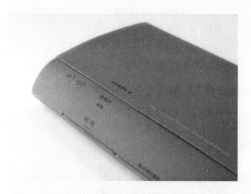

图7.17 封面采用质地柔软的绸布对裱，增　　图7.18 主本、别册翻阅方式灵活有趣，统一又
　　　　 添了中国传统书籍的文化气息　　　　　　　　 不失变化

7.4 课题工作

7.4.1 思考与练习

（1）局部上UV有怎样的效果？

（2）封面防伪的作用有哪些？

（3）简述印刷工艺在书刊设计中的重要性。

（4）印刷的色彩模式有哪几种？四色油墨与专色油墨的使用有何区别？

（5）简要介绍凸版印刷与凹版印刷的起源。

（6）请对印刷材料进行分类，并举例说明印刷效果有何不同。

（7）书籍印刷中最常用的方式是什么？这种方式的优点有哪些？

（8）简述数字印刷和传统印刷的区别。

7.4.2 实训练习

7.4.2.1 实训内容

在印刷公司盯印，了解印刷工艺和印刷设备，熟悉印刷的完整过程。完成所设计书籍的印刷和装订工作。具体如下：

（1）印刷前期充分了解纸张、印刷工艺，针对性地选择恰当的印刷方式，依据所要印刷的书籍设置常规起印量，核算书籍综合单价。

（2）装帧后期控制材料、油墨、装订、工艺等其他费用的开支，注意节省成本。

7.4.2.2 实训目标

（1）掌握传统印刷的五大要素（原稿、印版、油墨、承印材料、印刷机械）和数字印刷四大要素（原稿、油墨、承印材料、印刷设备）。

（2）了解纸张费用占印制成本的比例，熟悉不同性质的书稿选用纸张的类型。

（3）了解印刷设备组成，熟悉平版印刷、凸版印刷、凹版印刷、孔版印刷、数字印刷、防伪印刷等。

（4）了解UV、电化铝烫印、模切、凹凸压印、滚金口、植绒、对裱、磨砂、覆膜等印刷工艺。

7.4.2.3 实训技能

要求具备调查研究能力、分析能力和沟通合作能力。

7.4.2.4 实训程序

（1）印刷前期的工作：设计、制作、排版、输出菲林打样。

（2）印刷中期的工作：通过印刷机印刷成品。

（3）印刷后期的工作：印刷品的过胶（覆膜）、过UV、过油、烫金、击凸、装裱、装订、裁切等。

7.4.3 实训考评

由专业教师确定考评标准和权重，并予以评价。

课题7实训评价表

学生姓名：_____　　　　书籍名称：_____　　　　评分教师：_____

项次	评价标准	分值	得分
1	纸质平整，厚薄均匀有韧性。开本与书籍性质协调，切口齐整无毛边，无缺页、连页	20	
2	油墨压实，着色均匀，无糊墨、无黑点、无龟裂。套印准确，文字、图形清晰	20	
3	合理选用印刷工艺，使之与书籍性质相匹配，保持内文灰度均匀	20	
4	模切造型独特，装订形式新颖无爆线	20	
5	印刷书籍造型观感精致，整体艺术效果和制作工艺与技术相统一，各构成要素无缺漏	20	
	合计	100	

BOOK
BINDING

DESIGN
AND
PRACTICE

结题

纸上得来终觉浅　绝知此事要躬行
　　　　　　　——〔宋〕陆游

BOOK
BINDING

DESIGN
AND
PRACTICE

课题8 笃行致远——书籍设计实践与教学案例

8.1 课题提要

8.1.1 课题目标

8.1.1.1 思政目标

微课视频
（思政篇）

意境深远
格调高雅

"善始善终，善作善成，人犹效之。"对照树德立人的思政目标，检视思政内容在指导学生系统设计制作中的作用，书写相应的心得和体会，以铭刻于心，形成习惯。

8.1.1.2 专业目标

学生按要求完成选题作业，对设计成品进行客观评价，对设计实践进行总结、检视和回顾，分析书籍装帧设计作品是否表达选题内涵和特色，并预测在市场上的反响。

8.1.2 课题要求

把握艺术效果、社会效益、商业价值并重的原则。市场需求及市场引导是考量学生设计优劣的重要标尺之一。

8.1.3 课题重点

把控书籍装帧设计的综合效益，突出成品书籍的侧重点和创新点。

8.1.4 课题路线

通过对学生成品书籍设计的评价，加强学生对装帧设计系统性的掌握与体验，同时与优秀书籍装帧设计进行比对，以进一步促进学生的设计水准，为走向社会、进入工作岗位做好铺垫。

8.2 课题成效评价（对照书籍装帧设计课题实训任务书，满分100分）

举办书籍装帧设计实训课程学生作品展，成立以课题主持教师、专业公司设计人员、图书发行人员、印刷厂技术人员组成的专家评议小组，对作品进行评分。设置奖项，对优秀设计者颁发证书，并推荐参加相关赛事。

8.2.1 书籍装帧基本设计制作评价（占比60%）

评价书籍装帧主要涵盖6个方面。

（1）整体性检验：风格驾驭是否完整，表里内外是否统一。

（2）可视性检验：信息传递是否准确，图片画质是否精良。

（3）可读性检验：翻阅是否轻松舒畅，排列是否节奏有序。

（4）归属性检验：形态演绎是否准确，书籍语言是否到位。

（5）愉悦性检验：视觉形式是否有趣，体现"五感"是否得当。

（6）创造性检验：是否具有鲜明个性，是否原创并非重复。

8.2.2 模块选题评价（占比40%）

1. 书籍精装设计制作

（1）设计说明的条理性、专业性、完整性。

（2）外观造型与书名相互统一协调，读者对象明晰。

（3）封面设计的形式、材料。

（4）书函的结构材料。

（5）护封设计的功能与装饰效果。

（6）零页设计的全面性和创新性。

（7）开本、纸张、定价的合理性。

（8）色彩、文字、编排、插图的功能和审美。

2. 概念书籍精装设计制作

（1）设计说明的条理性、专业性、完整性。

（2）形态的开创性、独特性。

（3）材料选用多样性、创新性。

（4）"五感"在概念书中的应用表现。

（5）仿生、装置、技术、工艺的创新应用。

（6）结构单元的重组。

3. 商业册页设计制作

（1）设计说明的条理性、专业性、完整性。

（2）标题显著、明确，语言生动，文案内容翔实，具备号召力、感染力、鼓舞性。

（3）突出企业产品标志及广告语。

（4）折页方式有新意，能充分考虑与开本尺寸的关联，有利于受众携带。

（5）形式体现前沿性、时效性、流行性、针对性。

（6）色彩鲜明，图文并茂，编排流畅优美，造型独特。

（7）按视觉流程设计导购符号以有效指引消费者购买产品。

4. 电子书籍设计

（1）设计说明的条理性、专业性、完整性。

（2）版面设计视觉语言表述效果。

（3）封面设计应充分利用数字版动态和交互优势。

（4）能创造性地拓展适合数字阅读的设计思路。

（5）"五感"应用有所考虑。

（6）更新、纠正错误和增加信息，超链接，易于获得附加信息。

（7）文本字号可增大，屏幕明暗随光照变化及时调节，以利于阅读。盲人读者能使用外置的

知识拓展

国际图书
博览会简介

"世界最美
的书"评选
活动简介

"中国最美
的书"评选
活动简介

语音软件收听书刊朗诵。

8.3　书籍封面设计实践案例

封面设计是书籍装帧的重要组成部分，也是书籍文化的第一视觉印象，需要通过良好的创意以及独特的图形、色彩、版式等来突出主题，设计出恰当有趣、富有吸引力的书籍形态，在此过程中需要大量的实战与深入设计，下面以一组书籍封面的产生过程为例，体会设计思路的不断改进与完善。

8.3.1　封面设计稿（一）

该设计稿采用活字印刷元素组织画面，凸显中国传统书籍印刷文化，但设计者对主题的理解不够深入，图形视觉效果平淡，风格不够突出，未能很好地把书籍的意境表达出来（图8.1）。

图8.1　封面设计稿（一）

8.3.2　封面设计稿（二）

封面设计稿（二）在封面设计稿（一）的基础上进行了优化，保留活字印刷元素，并以蝴蝶翻页、浩瀚星空的图形画面表达书籍内藏宇宙、引人入胜的内涵。大面积的橙黄色主色与小面积的蓝紫色辅色的对比，打破封面的单调和沉闷感。该设计的缺点是：思维具象、图形语言缺乏现代气息、版式设计凌乱（图8.2）。

8.3.3　封面设计稿（三）

封面设计稿（三）在图形视觉元素上进一步改进，用水墨写意方式表现蝴蝶形象，底图由活字印刷元素变化为更为抽象的视觉肌理图案，呈现较为简练的视觉效果（图8.3）。

图8.2　封面设计稿（二）

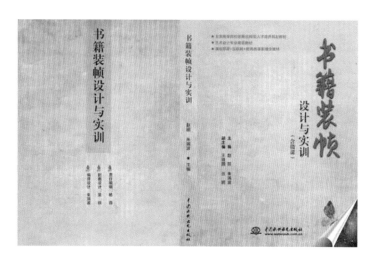

图8.3　封面设计稿（三）

8.3.4　封面设计稿（四）

前三个封面设计稿的元素过于庞杂，色彩和构图缺少时代气息。封面设计稿（四）从现代视角进行创意设计，在元素上利用文字的叠加组合形成视觉上的冲击力，色彩对比突出，背景肌理以原生态纸质为基调，能充分体现书籍的本质属性（图8.4）。

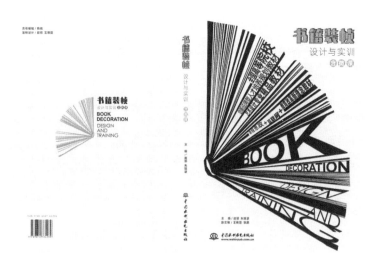

图8.4　封面设计稿（四）

8.3.5　封面设计稿（五）

封面设计稿（五）在封面设计稿（四）的基础上，对书籍图形语言进行变化与提炼，图形更加简洁大方，跳跃的色彩增加教材的活力感（图8.5）。

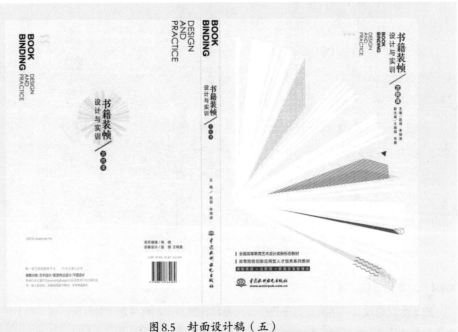

图 8.5　封面设计稿（五）

8.4　实训教学案例

8.4.1　实训导入

实训教学是"书籍装帧设计"课程教学必不可少的重要环节，其内容、形式灵活多样，具体可根据教学目标，结合社会实践项目设计。

8.4.1.1　实训内容

（1）"创意型新形态书籍"课题实训。

（2）介绍相关地域历史、旅游、饮食文化的书籍课题实训。

（3）儿童读物的装帧设计课题实训。

（4）"高校艺术设计教材"课题实训。

8.4.1.2　实训要求

（1）能够融入互动、解压等适合现代人口味的趣味性强的创意型精品书籍设计为主的纸本形态设计。

（2）开本、厚度不限，读者定位清晰，构思新颖，主题突出。

（3）整体设计富有现代感，能够恰当选择文字、色彩、版面和材质，营造较强的视觉冲击力。

8.4.2　实训调研

书籍设计的实训调研活动能够帮助学生深入行业内部、接触行业专家，并且对传统装帧设计与现代印刷工艺流程有一个比较全面的认识。实训调研以传统书籍文化为突破口，通过交流、互动、探索引导学生学会逐步观察、深入思考、认真探索纸本设计更好的形式与内容。

8.4.2.1 书城和纸业公司观摩学习

通过在书城和纸业公司观摩学习（图8.6、图8.7），学生对书籍文化与艺术设计的关系有了切实的感悟，进一步树立了书籍整体设计的观念。纸业公司的专业人员从市场角度提出一些书籍装帧设计思路和想法，针对性地指出学生的书籍设计与图书市场脱节的现象，讲解了书籍印刷工艺、程序、材料、设备和书籍定价等知识。

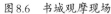

图8.6 书城观摩现场　　　　图8.7 在纸业公司体验纸张的肌理

8.4.2.2 "最美的书"讲座交流活动

吕重华先生于2015年出版了《订单——方圆故事》（图8.8），书中讲述了吕重华先生家族30年创办、经营美术书店的历史。该书荣获2015年度"中国最美的书"设计金奖，2016年斩获"世界最美的书"设计金奖（国际图书界装帧设计最高奖项）。

受授课教师邀请，吕重华先生以"世界最美的书，凭什么——实体书店的创新之道"为主题，从以下方面进行了专业讲座：

（1）"世界最美的书"《订单——方圆故事》是如何产生的？其构思与创作过程，人与纸本的情感与视觉交汇设计，书籍出版发行情况，国内、国际获奖经历。

（2）家族30年经营书店的时代印记与美术专业图书市场的需求变化。

（3）互联网时代传统书店面临的挑战，构建书香之城、城市地标书店的国家政策机制与应对策略。

讲座结束后，同学们就专业疑惑发言提问，吕重华先生逐一作了解答（图8.9）。

8.4.2.3 参观印刷、装订工序

经过前期调研、设计思考与创意，最终要将书籍设计稿转化为印刷实物。为更好地理解书籍物化呈现的工艺技术，授课教师组织学生们参观了印刷公司，邀请印刷专业人员对纸本数码快

印、胶印工艺、印后装订形式以及印刷过程中容易出现的问题和解决方法进行了讲解、实操演示。通过系列观摩与学习，学生们对纸本设计的印刷工序有了切实的领会（图8.10）。

图8.8　《订单——方圆故事》
（李瑾　设计）

图8.9　学生们在方圆工艺美术社观摩学习，听吕重华老师讲解"世界最美的书"《订单——方圆故事》设计与获奖过程

图8.10　学生们在印刷公司与行业专家交流

8.4.3　实训成果

8.4.3.1　新形态书籍《恋爱生存手册》装帧设计

设计取材于《恋爱生存手册》一书，书中对当代女性的爱情婚姻问题进行了剖析和指导，指出要相信美好的爱情，爱情不等于婚姻，但婚姻也不是爱情的坟墓；没有丑女人，只有懒女人；多充实自己，让自己一直保持良好的独立生活状态。

设计用瞪大双眼的女性面部正侧面作为主图形，构成读书的姿态，提示书中主题；以蓝色和红紫色构成总色调，分布于书页设计中，并与书名相呼应，富有一定的寓意（图8.11）。书籍装帧设计整体风格简洁明快、活泼有序，尤其在书的内页立体造型方面做了有益的尝试。

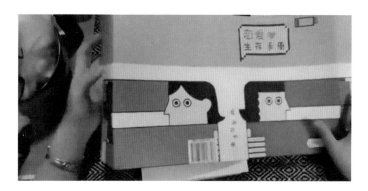

图8.11　《恋爱生存手册》封面（2018级学生王紫颜设计）

8.4.3.2　《风雨沧桑900年：图说西安碑林》装帧设计

　　《风雨沧桑900年：图说西安碑林》以展现西安碑林的历史为主线，全方位地展示孔庙、碑林建筑、碑石墓志、陵墓石刻、佛教造像、画像石的风貌。该书用叙述性的语言将学术性、知识性、趣味性融为一体，具有很强的可读性。

　　设计以黑白灰为主调表现碑林的历史风貌，将各时段代表性照片置于封面下端增强历史厚重感，并使用红色图章平衡构图、点缀色彩并突出扉页的引导作用（图8.12）。

图8.12　《风雨沧桑900年：图说西安碑林》封面和扉页设计（2014级学生米若宁等设计）

8.4.3.3 《醉美乡愁 陕西非物质文化系列丛书》装帧设计

该套丛书展现陕西传统文化，具有鲜明的陕西地域特色，内容涉及旅游、饮食、民间美术、戏曲、民俗等，为读者搭建了了解陕西文化生活的纽带和桥梁。

设计者能够比较准确把握丛书的内容重点，利用色彩区分不同主题的民间艺术、文化书籍分册，用典型的图形纹样表现内容特点，设计较为细致、连贯（图8.13）。

图8.13 《醉美乡愁 陕西非物质文化系列丛书》装帧设计（2016级学生王庆爱等设计）

8.4.3.4 《写给未来孩子的诗》装帧设计

这是一部由父亲与孩子共同"创作"完成的诗集。诗人历时五年，撷取孩子生活中的童真之言、无忌之语，以及出自一个孩童天真之眼、纯真之心的种种细节与故事，编织成诗，读来妙趣横生，令人捧腹。

设计通过有趣的表达形式，灵活调用书籍装帧的手法和元素，与书中的内容和情节相呼应。设计者在色彩、插图、文字、构图等方面均有一定创意和想象力，使图书富有趣味性（图8.14、图8.15）。

图8.14 《写给孩子的诗》装帧设计（2020级学生罗瑜萍设计）

图8.15 《写给孩子的诗》装帧设计（2020级学生张馨月、章子莹设计）

参 考 文 献

[1] 刘铁臂，吴灿.书籍设计[M].哈尔滨：哈尔滨工程大学出版社，2008.

[2] 曹琳.书籍装帧创意与设计[M].武汉：武汉理工大学出版社，2018.

[3] 毛得宝.书籍设计[M].南京：东南大学出版社，2015.

[4] 孙彤辉.书装设计[M].上海：上海人民美术出版社，2010.

[5] 吕敬人.书艺问道[M].北京：中国青年出版社，2009.

[6] 孟卫东，王玉敏.书籍装帧[M].武汉：武汉大学出版社，1986.

[7] 原研哉.设计中的设计[M].东京：磐筑创意出版，2003.

[8] 宋新娟，何方，熊文.书籍装帧设计[M].武汉：武汉大学出版社，2017.

[9] 朱瑞波.广告文案与创意[M].北京：中国纺织出版社，2014.

[10] 王汀.版式设计[M].武汉：华中科技大学出版社，2019.

[11] 鲁道夫·阿恩海姆.艺术与视知觉[M].滕守尧，译.成都：四川人民出版社，2019.

[12] 周东梅，田华.书籍设计[M].北京：清华大学出版社，2014.

[13] 肖勇，肖静.书籍装帧[M].北京：文化艺术出版社，2000.

[14] 邓中和.书籍装帧创意设计[M].北京：中国青年出版社，2003.

[15] 李慧媛，张磊.书籍装帧设计[M].北京：中国民族摄影艺术出版社，2011.

[16] 子木.书籍设计微课堂[M].北京：首都师范大学出版社，2017.

[17] 周倩倩，杨朝辉.浅谈多感官体验下的书籍设计研究[J].魅力中国，2019（8）：267-268.

数字资源索引

微课视频

知识拓展

BOOK
BINDING
DESIGN
AND
PRACTICE

课件